中等职业教育规划教材

化学实验操作规范

HUAXUE SHIYAN CAOZUO GUIFAN

彭夏莲　张　康　黄远拓　主编

化学工业出版社

·北京·

本书共九章，系统介绍了化学试剂、实验室安全和废弃物处理、基础化学实验的相关操作规范。内容包括：化学试剂；化学实验常用玻璃仪器；化学实验室安全和实验废弃物处理；试样的称量；溶液的配制；加热、蒸发和结晶；试样的分离与提纯；定量分析；化学实验数据的记录与处理。

本书可作为中等职业教育、化工类及相关专业学生的化学实验课教材，也可供函授生、高职高专学生、自考生使用，对从事化学分析检测的相关企事业单位的专业技术人员亦具有参考价值。

图书在版编目（CIP）数据

化学实验操作规范/彭夏莲，张康，黄远拓主编.
北京：化学工业出版社，2018.2（2024.8重印）
ISBN 978-7-122-31286-0

Ⅰ.①化… Ⅱ.①李… ②张… ③黄…Ⅲ.①化学实验-教材 Ⅳ.①O6-3

中国版本图书馆CIP数据核字（2017）第321093号

责任编辑：张双进　　　　　　　　　　　装帧设计：刘丽华
责任校对：边　涛

出版发行：化学工业出版社（北京市东城区青年湖南街13号　邮政编码100011）
印　　装：北京科印技术咨询服务有限公司数码印刷分部
787mm×1092mm　1/16　印张 5¾　字数130千字　2024年8月北京第1版第3次印刷

购书咨询：010-64518888　　　　　　　　售后服务：010-64518899
网　　址：http://www.cip.com.cn
凡购买本书，如有缺损质量问题，本社销售中心负责调换。

定　　价：28.00元　　　　　　　　　　　　　　　　　版权所有　违者必究

《化学实验操作规范》编写人员名单

主　编　彭夏莲　张　康　黄远拓
副主编　张伟波　欧云德　方金诚　蔡雨川　黄卉芬
　　　　　彭　超
参编人员（按姓氏笔画为序排列）
　　　　　方金诚　庄杏宜　许　辉　劳福贺　何紫莹
　　　　　张　康　张伟波　欧云德　黄卉芬　黄远拓
　　　　　黄品信　彭　超　彭夏莲　蔡雨川

前言 FOREWORD

职业教育的特殊性在于培养特定职业需要的应用型技术人才，对学生的实际动手操作能力要求很高，要求培养的人才能熟练掌握社会生产或社会活动一线的基础知识和基本技能。本书是根据职业教育中化学化工类专业对化学实验基本技能的要求，总结多年来化学实验教学实践经验，吸收其他化学实验教材中的优秀内容编写而成的。

本书内容和顺序的选择遵循循序渐进的认识规律和实用的原则，深入浅出，使学生全面接受化学实验操作规范的相关知识。本书由九个部分组成，系统介绍了化学试剂、实验室安全和废弃物处理、基础化学实验的相关操作规范。内容包括：化学试剂；化学实验常用玻璃仪器；化学实验室安全和实验废弃物处理；试样的称量；溶液的配制；加热、蒸发和结晶；试样的分离与提纯；定量分析；化学实验数据的记录与处理。

本书的特点是将基础化学实验要求的基本技术规范统筹起来，系统、全面地介绍基础化学实验常用的一些重要操作规范，能为化学化工类专业学生学习无机化学实验、有机化学实验、分析化学实验这三大基础化学实验提供相关技术规范，便于学生系统掌握化学实验操作原理和技术，引导学生掌握正确的操作方法，培养学生科学严谨的实验态度。

本书共九章，由北部湾职业技术学校彭夏莲、张康、黄远拓主编，彭夏莲负责编写第一章、第二章，欧云德负责编写第三章，张康负责编写第四章，黄远拓负责编写第五章，张伟波负责编写第六章，方金诚、蔡雨川负责编写第七章，黄卉芬负责编写第八章，彭超负责编写第九章，黄品信、劳福贺、何紫莹、庄杏宜、许辉参与了部分内容的编写，全书由彭夏莲统稿。

由于编者水平有限，疏漏和不妥之处难免，恳请读者批评、指正。

编者
2017 年 12 月

目录
CONTENTS

第一章　化学试剂 / 001
第一节　化学试剂的规格 / 001
　　一、标准试剂 / 001
　　二、普通试剂 / 001
　　三、高纯试剂 / 002
　　四、专用试剂 / 002
第二节　化学试剂的存放和取用 / 002
　　一、化学试剂的存放 / 002
　　二、化学试剂的取用 / 003
第三节　危险化学品的标志 / 003
　　一、安全标志 / 003
　　二、安全标志类型 / 004
　　三、化学品标志 / 004
　　四、标志的尺寸、颜色及印刷 / 010
　　五、标志的使用 / 010
第四节　分析用水 / 010
　　一、纯水的制备 / 011
　　二、纯水的分类 / 011
　　三、纯水的质量检验 / 011

第二章　化学实验常用玻璃仪器 / 013
第一节　化学实验常用玻璃仪器 / 013
　　一、称量瓶与试剂瓶 / 013
　　二、烧杯、量筒与容量瓶 / 014
　　三、锥形瓶和碘量瓶 / 015
　　四、漏斗 / 016
　　五、移液管和吸量管 / 016
　　六、滴定管 / 016
第二节　常用玻璃仪器的洗涤 / 018
　　一、洗涤剂 / 018
　　二、洗涤液的制备和使用 / 018
　　三、洗涤玻璃仪器的方法 / 019

第三章　化学实验室安全和实验废弃物处理 / 020
第一节　化学实验室安全 / 020

　　　　一、防火与防爆 / 020
　　　　二、防触电 / 021
　　　　三、防中毒和化学灼伤 / 021
　　第二节　实验废弃物处理 / 022
　　　　一、一般废弃物 / 023
　　　　二、废气 / 023
　　　　三、废液 / 023
　　　　四、废渣 / 024

第四章　试样的称量 / 025

　　第一节　托盘天平 / 025
　　　　一、托盘天平的使用 / 025
　　　　二、托盘天平保养维护 / 026
　　第二节　电子分析天平的使用 / 026
　　　　一、电光分析天平的构造与使用 / 026
　　　　二、电子天平的构造与使用 / 028
　　　　三、天平室使用规则 / 028
　　　　四、分析天平的使用规则 / 029
　　　　五、分析天平一般故障的排除 / 029
　　第三节　试样的称量方法 / 030
　　　　一、直接称量法 / 030
　　　　二、固定质量称量法 / 030
　　　　三、递减称量法 / 030
　　第四节　称量误差分析 / 031
　　　　一、系统误差 / 031
　　　　二、随机误差 / 032
　　　　三、过失误差 / 032
　　　　四、准确度和精密度 / 032
　　　　五、误差和偏差 / 033
　　　　六、空白实验和对照实验 / 034

第五章　溶液的配制 / 035

　　第一节　玻璃仪器的洗涤、干燥 / 035
　　　　一、洗涤仪器的一般步骤 / 035
　　　　二、各种洗涤液的使用 / 035
　　　　三、对特殊要求仪器的洗涤方法 / 036
　　　　四、洗涤仪器的干燥 / 036
　　第二节　量筒的使用 / 037
　　　　一、量筒简介 / 037
　　　　二、量筒的使用方法 / 038

三、使用量筒的注意事项 / 039
第三节　移液管、吸量管的使用 / 040
一、移液管、吸量管 / 040
二、移液管与吸量管的标识的意义 / 042
第四节　容量瓶的使用 / 043
一、简介 / 043
二、容量瓶的种类 / 043
三、容量瓶的使用 / 043
四、容量瓶的使用训练 / 044

第六章　加热、蒸发和结晶 / 046

第一节　加热 / 046
一、电热套和电热板的使用 / 046
二、水浴锅的使用 / 048
三、烘干箱的使用 / 048
四、马弗炉的使用 / 049
第二节　蒸发 / 051
一、蒸发简介 / 051
二、蒸发实验 / 051
第三节　结晶 / 053
一、结晶简介 / 053
二、结晶方法 / 053

第七章　试样的分离与提纯 / 055

第一节　固体试样的分离与提纯 / 055
一、过滤 / 055
二、重结晶 / 055
三、洗涤、干燥和灼烧 / 055
第二节　液体试样的分离与提纯 / 056
一、萃取 / 056
二、蒸馏 / 057
三、分馏 / 057

第八章　定量分析 / 058

第一节　容量仪器的校正 / 058
一、相对校准 / 058
二、绝对校准 / 058
第二节　滴定管的使用 / 059
一、滴定管的选择 / 059

二、滴定管的准备 / 060
　　三、滴定剂的装入 / 061
　　四、读数 / 062
　　五、滴定管的操作 / 063

第九章　化学实验数据的记录与处理 / 066

　第一节　实验数据的记录 / 066
　　一、实验数据的记录要求 / 066
　　二、实验数据的记录处理 / 066
　第二节　测量中的误差与有效数字 / 067
　　一、误差的来源 / 067
　　二、有效数字及其有关规则 / 068

附录 / 072

　　附录1　常用酸碱溶液的密度和浓度 / 072
　　附录2　常用基准物的干燥条件与应用 / 072
　　附录3　常用缓冲溶液的配制 / 073
　　附录4　常用的指示剂及其配制 / 073
　　附录5　常用基准物质的干燥条件和应用范围 / 074
　　附录6　不同温度下标准滴定溶液的体积的补正值（GB/T 601—2002）/ 075
　　附录7　国际原子量表 / 076
　　附录8　常用玻璃仪器及辅助仪器 / 077

参考文献 / 082

第一章 化学试剂

第一节 化学试剂的规格

化学试剂是符合一定质量标准并满足一定纯度要求的化学药品。化学试剂是进行化学研究、成分分析的相对标准物质,是科技进步的重要条件,广泛用于物质的合成、分离、定性和定量分析。

试剂规格又称试剂级别或类别。一般按实际的用途或纯度、杂质含量来划分规格标准。在我国,根据质量标准和用途的不同,将化学试剂分为标准试剂、普通试剂、高纯试剂和专用试剂四大类。

一、标准试剂

标准试剂是用来衡量其他物质化学量的标准物质。标准试剂在分析过程中的加入量或反应消耗量,可作为分析测定度量的标准。这种试剂的特性值应具有很好的准确度,而且还应能与 SI 制单位进行换算,并可得到一致性的标准值,其标准值是用准确的标准化方法测定的。标准试剂的确定和使用具有国际性。

二、普通试剂

普通试剂是分析化学实验中使用最多的通用试剂,其规格以试剂中杂质含量的多少来划分,一般可采用优级纯、分析纯、化学纯、实验纯四个级别来表示。

优级纯(G.R.,绿标签):又称一级品或保证试剂,主成分含量很高、纯度很高,适用于精密分析和科学研究工作,有的可作为基准物质。

分析纯(A.R.,红标签):又称二级试剂,主成分含量很高、纯度较高,干扰杂质很低,适用于一般分析实验及和科学研究工作。

化学纯(C.P.,蓝标签):又称三级试剂,主成分含量高、纯度较高,存在干扰杂质,适用于一般分析实验和合成制备。

实验纯(L.R.,棕标签):又称四级试剂,主成分含量高,纯度较差,只适用于一般化学实验和辅助试剂。

生物试剂(B.R.,黄标签):生物化学实验用。

三、高纯试剂

纯度远高于优级纯的试剂的统称。是在通用试剂基础上发展起来的,是为了专门的使用目的而用特殊方法生产的纯度最高的试剂。高纯试剂控制的是杂质项含量,基准试剂控制的是主含量,基准试剂可用标准溶液的配制,但高纯试剂不能用于标准溶液的配制(单质氧化物除外)。

四、专用试剂

专用试剂是指有特殊用途的试剂,其主要成分含量高,杂质含量低。几种常用的专用试剂如下。

指示剂和染色剂(I.D. 或 S.R.,紫标签):要求有特有的灵敏度。

指定级(Z.D.):按照用户要求的质量控制指标,为特定用户订做的化学试剂。

光谱纯(S.P.):用于光谱分析。分别适用于分光光度计标准品、原子吸收光谱标准品、原子发射光谱标准品。

电子纯(MOS):适用于电子产品生产中,电性杂质含量极低。

当量试剂(3N、4N、5N):主成分含量分别为 99.9%、99.99%、99.999% 以上。

第二节 化学试剂的存放和取用

化学试剂在贮存、运输和销售过程中会受到温度、光辐照、空气和水分等外在因素的影响,容易发生潮解、霉变、变色、聚合、氧化、挥发、升华和分解等物理化学变化,使其失效而无法使用。因此要采用合理的包装,适当的贮存条件和运输方式,保证化学试剂在贮存、运输和销售过程中不变质。对一些对贮存和运输有特殊要求的应按特殊要求办理。有些化学试剂有一定的保质期,使用时一定要注意。

大多数的试剂具有一定的毒性及危险性。对科研试剂要加强管理,不仅是保证分析结果质量的需要,也是确保人民生命财产安全的需要。试剂应根据毒性、易燃性、腐蚀性和潮解性等不同的特点,以不同的方式妥善管理。

一、化学试剂的存放

一般试剂可保存在玻璃瓶内;对玻璃有强烈腐蚀作用的试剂,如氢氟酸、氢氧化钠应保存在聚乙烯塑料瓶内;易被空气氧化、分化、潮解的试剂应密封保存;金属钠、钾通常应保存在煤油中;易感光分解的试剂应用有色玻璃瓶贮存并藏于暗处;易受热分解及低沸点溶剂,应存于冷处;剧毒试剂应存于保险箱;汞要存放在厚壁器皿中,并加水将汞覆盖;有放射性的试剂应存于铅罐中。

保存注意事项:低温、避光、干燥阴凉处封闭贮存,严禁与有毒、有害物品混放、混运。如为非危险品,可按一般化学品运输,轻搬动轻放,防止日晒、雨淋。

二、化学试剂的取用

取用试剂时,应先看清试剂的名称和规格是否符合实验要求,以免用错试剂。试剂瓶盖打开后,翻过来放在干净的地方,以免盖上时带入脏物,取走试剂后应及时盖上瓶盖,然后将试剂瓶的瓶签朝外放至原处。取用试剂时要注意节约,用多少取多少,过量的试剂不应放回原试剂瓶内,有回收价值的应放入回收瓶中。

1. 固体试剂的取用

取用固体试剂一般使用牛角药匙、不锈钢药匙或塑料药匙,药匙的两端为大小两个匙,取大量固体时用大匙,取少量固体时用小匙。使用的药匙必须干净,专匙专用,药匙用后应立即洗净。

要求取一定质量的固体时,可把固体放在纸上或表面皿上,再用台秤称量。具有腐蚀性或易潮解的固体,不能放在纸上,而应放在玻璃器皿内进行称量。要求准确称取一定量的固体时,可在分析天平上用直接称量法或减量法称量。

有毒药品要在教师指导下取用。

2. 液体试剂的取用

从细口瓶中取用液体试剂时,先将瓶塞取下,反放在桌面上,手心朝向标签处握住试剂瓶(以免倾注液体时弄脏标签),沿玻璃棒向容器中倾注试剂,用后将瓶口在容器上靠一下,以免留在瓶口处的液滴流到瓶的外壁。

从滴瓶中取用液体试剂时,将液体试剂吸入滴管后,用无名指和中指夹住滴管,悬于试管口稍上一点,不得将滴管插入试管中。滴管只能专用,用后随时放回原滴瓶。使用滴管的过程中,装有试剂的滴管不得横放或滴管口向上倾斜,以免液体流入滴管的橡皮帽中。

试管实验中,可用计算滴数的办法估计取用液体的量,一般滴管 20 滴约相当于 1mL。

第三节 危险化学品的标志

一、安全标志

安全标志是指用以表达特定安全信息的标志,由图形符号、安全色、几何形状(边框)或文字构成。是用来表达禁止、警告、指令和提示等安全信息。我国的《安全标志及其使用导则》(GB 2894—2008)等标准,对全国使用的安全标志进行统一。操作作业人员上岗前,应熟练掌握识别安全标志,以减少和杜绝意外安全事故。

安全色是传递安全信息含义的颜色,包括红、蓝、黄、绿四种颜色。红色含义是禁止和紧急停止,也表示防火。蓝色含义是必须遵守的规定。黄色含义是警告和注意。绿色含义是提示、安全状态和通行。

为了使安全颜色更加醒目,使用对比色为其反衬色。黑白互为对比色,把红、蓝、绿 3 种颜色的对比色定为白色,黄色的对比色定为黑色。在运用对比色时,黑色用于安全标志的文字、图形符号和警告标志的几何图形。白色即可用于作安全标志的文字和图形符号。

二、安全标志类型

安全标志分为禁止标志、警告标志、指令标志和提示标志四大类型。

禁止标志的含义是禁止人们不安全行为的图形标志。其基本形式是带斜杆的圆边框，种类有 40 种。

警告标志的含义是提醒人们对周围环境引起注意，以避免可能发生危险的图形标志。其基本型式是正三角形边框，种类有 39 种。

指令标志的含义是强制人们必须做出某种动作或采用防范措施的图形标志。其基本型式是圆形边框，种类有 16 种。

提示标志的含义是向人们提供某种信息（如标明安全设施或场所等）的图形标志。基本型式是正方形边框，种类有 8 种。

三、化学品标志

根据国家质量技术监督局发布的国家标准《化学品分类和危险性公示通则》（GB 13690—2009），按理化危险特性把化学品分为 16 类：爆炸品；易燃气体；易燃气溶胶；氧化性气体；压力下气体；易燃液体；易燃固体；自反应物质或混合物；自燃液体；自燃固体；自燃物质和混合物；遇水放出易燃气体的物质或混合物；氧化性液体；氧化性固体；有机过氧化物；金属腐蚀剂。

依据化学品的健康危害，将化学品的危险性分为 10 个种类，分别为：急性毒性、皮肤腐蚀/刺激、严重眼睛损伤/眼睛刺激性、呼吸或皮肤过敏、生殖细胞突变性、致癌性、生殖毒性、特异性靶器管系统毒性一次接触、特异性靶器管系统毒性反复接触、吸人危险。

依据化学品的环境危害，化学品的危险性列为一个种类：对水环境的危害。

化学品的类别和标签要素的配置如下表。

不稳定的/1.1项	1.2项	1.3项	1.4项	1.5项	1.6项
危险 爆炸物； 整体爆炸危险	危险 爆炸物； 严重喷射危险	危险 爆炸物； 燃烧、爆轰或喷射危险	1.4 （无象形图） 警告 燃烧或喷射危险	1.5 （无象形图） 警告 燃烧中可爆炸	1.6 （无象形图） 无信号词 无危险性说明

续表

类别1	类别2
危险 极易燃气体	无标识 警告 易燃气体

类别1	类别2
危险 极度易燃气溶胶	警告 易燃气溶胶

类别1
 危险 会导致或加强燃烧；氧化剂

类别1	类别2	类别3	类别4
压缩气体	液化气体	冷冻液化气体	溶解气体
警告 装有加压气体； 如果加热会爆炸	警告 装有加压气体； 如果加热会爆炸	警告 装有冷冻气体会 导致低温烧伤或损伤	警告 装有加压气体； 如果加热会爆炸

类别1	类别2	类别3	类别4
危险 极度易燃液体和蒸气	危险 高度易燃液体和蒸气	危险 易燃液体和蒸气	无标识 危险 可燃液体

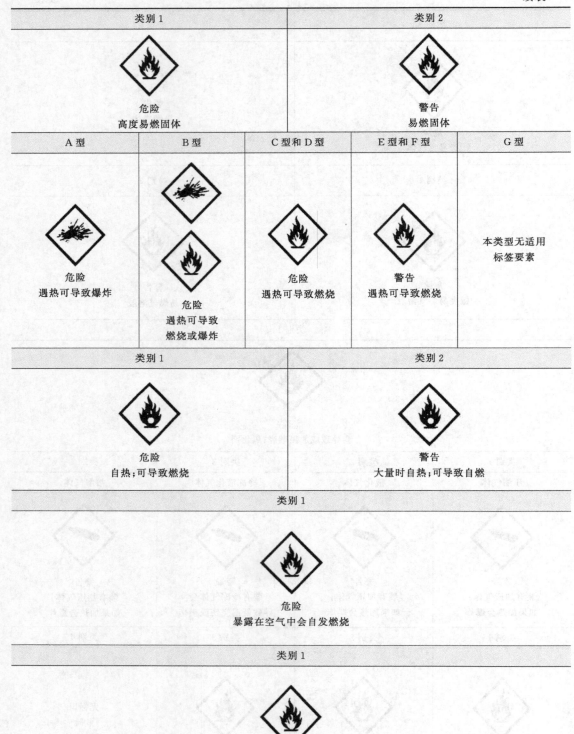

续表

类别1	类别2	类别3
危险 遇水释放 易燃气体,会自燃	危险 遇水释放 易燃气体	警告 遇水释放 易燃气体

类别1
警告 会腐蚀金属

类别1	类别2	类别3
危险 可导致燃烧或爆炸; 强氧化剂	危险 可助燃氧化剂; 氧化剂	警告 可助燃氧化剂; 氧化剂

类别1	类别2	类别3
危险 会导致燃烧或者爆炸; 强氧化剂	危险 会加强燃烧;氧化剂	警告 会加强燃烧;氧化剂

A型	B型	C型和D型	E型和F型	G型
危险 遇热可导致爆炸	危险 遇热会导致 燃烧或爆炸	危险 遇热燃烧	警告 遇热燃烧	此危险等级 无适用标签要素

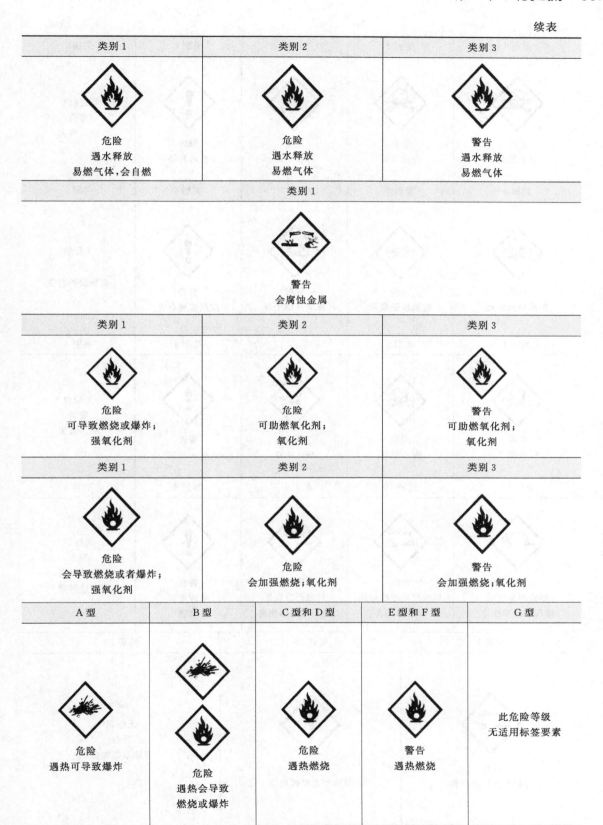

续表

类别 1	类别 2	类别 3	类别 4	类别 5
危险 吞食致死	危险 吞食致死	危险 吞食中毒	警告 食入有害	无标识 警告 食入有害
类别 1	类别 2	类别 3	类别 4	类别 5
危险 皮肤接触致死	危险 皮肤接触致死	危险 皮肤接触中毒	警告 皮肤接触有害	无标识 警告 皮肤接触有害
类别 1	类别 2	类别 3	类别 4	类别 5
危险 吸入致死	危险 吸入致死	危险 吸入中毒	警告 吸入有害	无标识 警告 吸入有害
类别 1A	类别 1B	类别 1C	类别 2	类别 3
危险 导致严重皮肤烧伤和眼部伤害	危险 导致严重皮肤烧伤和眼部伤害	危险 导致严重皮肤烧伤和眼部伤害	警告 导致皮肤刺激	无标识 警告 导致微弱皮肤刺激

类别 1	类别 2A	类别 2B
危险 导致严重眼部损伤	警告 导致严重眼部刺激	无标识 警告 导致眼部刺激

续表

类别1	类别2
呼吸道致敏性物质	皮肤致敏性物质
危险 吸入会导致过敏或哮喘症状或呼吸困难	警告 会导致皮肤过敏反应

类别1A	类别1B	类别2
危险 会导致遗传缺陷	危险 会导致遗传缺陷	警告 怀疑会导致遗传缺陷

类别1A	类别1B	类别2
危险 导致癌症	危险 导致癌症	警告 怀疑可能导致癌症

类别1A	类别1B	类别2	附加类别
危险 损害生殖力或胎儿	危险 损害生殖力或胎儿	警告 怀疑会损害生殖力或胎儿	对哺乳期或通过哺乳其效应会对母乳喂养的小孩有害

类别1	类别2	类别3
危险 会损伤器官	警告 可能损伤器官	警告 可能引起呼吸道刺激或眩晕

续表

四、标志的尺寸、颜色及印刷

按 GB 190—2009 的有关规定执行。

五、标志的使用

1. 标志的使用原则

当一种危险化学品具有一种以上的危险性时，应用主标志表示主要危险性类别，并用副标志来表示重要的其他的危险性类别。

2. 标志的使用方法

按 GB 190—2009 的有关规定执行。

第四节 分析用水

纯水是分析化学实验中最常用的溶剂和洗涤剂。

一、纯水的制备

纯水的制备方法很多，常用的有蒸馏法和离子交换法。

1. 蒸馏法

蒸馏法是将普通水蒸馏器加热成蒸汽，除去非挥发性的杂质，再将水蒸气冷凝成水的一种方法。蒸馏一次所得蒸馏水仍含有微量杂质，根据蒸馏器材料的不同，所带的杂质也不同。实验室多采用玻璃、铜或石英等材料制成的蒸馏器。

2. 离子交换法

离子交换法是将普通水经过阳离子交换树脂和阴离子树脂除去水中杂质的方法。这是目前广泛采用的一种制备纯水的方法，得到的纯水质量较好，称之为"去离子水"；制备成本低、产量大。工业生产上需要纯度较高的水时，也多用此法制备。

二、纯水的分类

分析用水共分三个级别。

1. 一级水

一级水用于有严格要求的分析试验，如高压液相色谱分析用水。一级水可用二级水经过石英蒸馏设备或离子交换混合床处理后，再经微孔滤膜过滤而制得。

2. 二级水

二级水用于配制测定杂质用标准溶液及无机痕量分析等特殊项目的试验，如原子吸收光谱分析用水。二级水可用多次蒸馏或离子交换等方法制取。

3. 三级水

分析实验室一般均用三级水。三级水可用蒸馏或离子交换等方法制取。

三、纯水的质量检验

纯水并不是绝对不含杂质，只是杂质的含量极少而已。分析用水应符合表1-1所列规则。

表1-1　用水规则

级别 项目	一	二	三
pH值范围(25℃)			5.0～7.5
电导率(25℃)/(mS/m)	≤0.01	≤0.10	≤0.30
可氧化物质(以O计)/(mg/L)		≤0.08	≤0.4
吸光度(245nm,1cm光程)	≤0.001	≤0.01	
蒸发残渣(105℃±2℃)/(mg/L)		≤1.0	≤2.0
可溶性硅(以SiO_2计)/(mg/L)	≤0.01	≤0.02	

注：1. 在一级水、二级水的纯度下，难于测定其真实的pH值。因此，对于一级水、二级水的pH值范围不做规定。
2. 一级水、二级水的电导率需用新制备的水"在线"测定。
3. 在一级水的纯度下，难于测定可氧化物质和蒸发残渣，对其限量不做规定，可用其他条件和制备方法来保证质量。

分析实验室用三级水经常性的测定项目为电导率及pH值范围。

分析用水在贮存期间，能被容器可溶性成分、空气中二氧化碳及其他杂质玷污。因此，一级水应在使用前制备；二级水可制备适量，贮存在预先用同级水清洗过的聚乙烯容器中。

第二章 化学实验常用玻璃仪器

第一节 化学实验常用玻璃仪器

在化学实验中大量使用玻璃仪器,是因为玻璃具有一系列可贵的性质,如化学稳定性、热稳定性,很好的透明度以及一定的机械强度和良好的绝缘性能。这些性质恰好能够满足定量分析对仪器的要求,下面根据仪器的用途进行分类和介绍。

一、称量瓶与试剂瓶

1. 称量瓶

称量瓶为磨口塞的筒形的玻璃瓶,用于差减法称量试样的容器。因有磨口塞,可以防止瓶中的试样吸收空气中的水分和 CO_2 等,适用于称量易吸潮的试样。瓶的规格以直径×瓶高(mm)表示,分为扁型、高型两种外形,扁型用于在烘箱中干燥试样、基准物,高型用于称量试样、基准物。根据材料有普通玻璃称量瓶和石英玻璃称量瓶。称量瓶规格见表 2-1,称量瓶如图 2-1 所示。

表 2-1 称量瓶规格

形状	容量/mL	瓶高/mm	直径/mm
扁型	10	25	35
	15	25	40
	30	30	50
	45	30	60
高型	10	40	25
	20	50	30
	25	60	30
	40	70	35

图 2-1　称量瓶

2. 试剂瓶

试剂瓶指用于盛放化学试剂的瓶子，有无色、棕色两种，按大小可分为广口瓶和细口瓶。广口瓶用于盛固体试剂，细口瓶盛液体试剂；棕色瓶用于避光的试剂，瓶口内部为磨砂设计，磨口塞瓶能防止试剂吸潮和浓度变化，保持密封，防止试剂外漏。广口瓶如图 2-2 所示。

图 2-2　广口瓶

二、烧杯、量筒与容量瓶

1. 烧杯

烧杯是一种常见的实验室玻璃器皿，通常由玻璃、塑料或者耐热玻璃制成。烧杯主要用作配制溶液、溶样、进行反应、加热、蒸发、滴定。烧杯呈圆柱形，顶部的一侧开有一个槽口，便于倾倒液体（如图 2-3 所示）。有些烧杯外壁还标有刻度，可以粗略的估计烧杯中液体的体积。烧杯一般都可以加热，但不可干烧，在加热时应垫上石棉网使其均匀加热，液量一般勿超过容积的 2/3。

图 2-3　烧杯

常见的烧杯的规格有：10mL，15mL，25mL，50mL，100mL，250mL，500mL，600mL，800mL，1000mL，2000mL 等。

2. 量筒

量筒是用来量取液体体积的一种玻璃仪器，为竖长的圆筒形，上沿一侧有嘴，便于倾倒，下部有宽脚以保持稳定，圆筒壁上刻有容积量程，供使用者读取体积，如图 2-4 所示。

量筒不可加热，不可盛热溶液；不可在其中配制溶液；加入或倾出溶液应沿其内部进行。量筒规格以所能量度的最大容量（mL）表示，常用的有 10mL、25mL、50mL、100mL、500mL、1000mL 等。

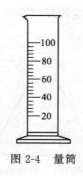

图 2-4　量筒

3. 容量瓶

容量瓶主要用来准确配制一定体积的溶液，是一种细颈梨形平底的容量器，带有磨口玻塞，颈上有标线，表示在所指温度下液体凹液面与容量瓶颈部的标线相切时，溶液体积恰好与瓶上标注的体积相等，如图 2-5 所示。容量瓶上标有：温度、容量、刻度线。

使用时要求：瓶塞密合；不可烘烤、加热，不可长期储存溶液；长期不使用时应在瓶塞与瓶口间夹上纸条。

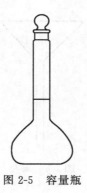

图 2-5　容量瓶

三、锥形瓶和碘量瓶

锥形瓶又称三角烧瓶，是硬质玻璃制成的纵剖面呈三角形状的滴定反应器，口小、底大，外观呈平底圆锥状，瓶身上有刻度，以标示所能盛载的容量，如图 2-6 所示。锥形瓶一般用来加热、处理试样、滴定。磨口瓶加热时要打开瓶塞，其余同烧杯使用注意事项。常用

图 2-6　锥形瓶

的有 5mL、10mL、25mL、50mL、100mL、150mL、200mL、300mL、500mL、1000mL、2000mL 等。

碘量瓶为带有磨口塞的特制锥形瓶，为防止内容物挥发，瓶口盖塞子后用水封，常用于碘量分析，也可用作其他产生挥发性物质的反应容器，如图 2-7 所示。

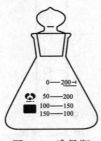

图 2-7　碘量瓶

四、漏斗

漏斗一般为空心圆锥状，根据颈的长短可分为长颈漏斗和短颈漏斗，称量分析中一般使用长颈漏斗，短颈漏斗在实验中常用于过滤，如图 2-8 所示。使用时不可直接火焰加热，应根据沉淀量选择漏斗的大小。

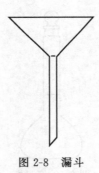

图 2-8　漏斗

五、移液管和吸量管

移液管是用来准确量取一定体积溶液的仪器，只能量取某一体积（如 10mL，25mL 等）的溶液，中间膨大，上下两端为细管状，在上管有标线，表明移液管移取的液体的体积，如图 2-9 所示。每只移液管上都标有使用温度和它的容量。常用移液管的容积有 5mL、10mL、25mL、50mL 等。使用时不可加热，不可磕破管尖及上口。

吸量管又称为刻度移液管，用来准确移取各种不同体积的溶液。吸量管管身直径均匀，刻有体积读数，它是带有分度线的量出式玻璃量器，用于移取非固定量的溶液，如图 2-10 所示。常用的容积有 0.5mL、1.0mL、2.0mL、5.0mL、10mL 等。

六、滴定管

用途：用于准确测量滴定时放出的溶液的体积。

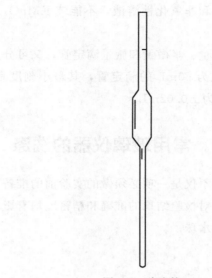

图 2-9　移液管

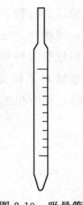

图 2-10　吸量管

图 2-11　滴定管

种类：两种，即酸式滴定管和碱式滴定管，如图 2-11 所示。在滴定管的下端带有玻璃磨口旋塞的称为酸式滴定管。用来盛装酸性、氧化性溶液和中性溶液，不宜装碱性溶液，因为玻璃旋塞易被碱性溶液腐蚀。用带有玻璃珠的乳胶管连一尖嘴玻璃管的滴定管称为碱式滴定管。碱式滴定管适宜装碱性溶液和非氧化性溶液，不能装 $KMnO_4$、I_2、$AgNO_3$ 等溶液，以免将胶管氧化。

规格：按其容积的不同分为常量、半微量和微量滴定管，又可分为普通滴定管和自动滴定管等。常量分析最常用的是容积为 50mL 的滴定管，其最小刻度是 0.1mL，最小刻度间可估计到 0.01mL，一般读数误差为 ±0.02mL。

第二节　常用玻璃仪器的洗涤

在分析工作中，洗涤玻璃仪器不仅是一项必须做的实验前的准备工作，也是一项技术性的工作。仪器洗涤是否符合要求，对检验结果的准确和精密度均有影响。洗涤的标准是要求器皿的器壁能被水均匀润湿而不挂水珠。

一、洗涤剂

实验室常用的洗涤剂是肥皂、洗衣粉、去污粉、洗液、有机溶剂等。肥皂、洗衣粉、去污粉，用于可以用刷子直接刷洗的仪器，如烧杯、三角瓶、试剂瓶等；洗液多用于不便用于刷子洗刷的仪器，如滴定管、移液管、容量瓶等特殊形状的仪器，也用于洗涤长久不用的杯皿器具和刷子刷不下的结垢。有机溶剂是针对某种类型的油污，乙醇、乙醚、丙酮、汽油、石油醚等有机溶剂均可用来洗涤各种油污，但有机溶剂易着火，有的甚至有毒，使用时应注意安全。

二、洗涤液的制备和使用

1. 铬酸洗液

将 20g $K_2Cr_2O_7$ 溶于 40mL 热水中，冷却，徐徐加入浓 H_2SO_4 360mL，边加边搅拌，冷却后装瓶备用。新配制的洗液为红褐色，氧化能力很强，当洗液用久后变为黄绿色，即说明洗液已失效，应回收处理，不能任意排放

2. 碱性高锰酸钾洗液

用碱性高锰酸钾作洗液，作用缓慢，适合用于洗涤有油污的器皿。

配法：取高锰酸钾 4g 加 80mL 水溶解后，再加入 40% 的 NaOH 至 100mL。

3. 纯酸纯碱洗液

根据器皿污垢的性质，直接用 HCl 或 H_2SO_4、HNO_3 浸泡器皿。纯碱洗液多采用 10% 以上的 NaOH、KOH 或 Na_2CO_3 浸泡或浸煮器皿。

4. 有机溶剂

带有脂肪性污物的器皿，可以用汽油、甲苯、二甲苯、丙酮、酒精、三氯甲烷、乙醚等有机溶剂擦洗或浸泡。

三、洗涤玻璃仪器的方法

洗刷仪器时，应首先将手用肥皂洗净，免得手上的油污附在仪器上，增加洗刷的困难。如仪器长久存放附有尘灰，先用清水冲去，再按要求选用洁净剂洗刷或洗涤。如用去污粉，将刷子蘸上少量去污粉，将仪器内外全刷一遍，用自来水冲洗3～6次，再用蒸馏水淋洗3次以上。用蒸馏水冲洗时，要用顺壁冲洗方法并充分震荡，经蒸馏水冲洗后的仪器，用试纸检查应为中性。洗净的玻璃仪器，内壁不挂水珠，否则需要重新洗涤。

洗涤的一般步骤如下。

① 用合成洗涤剂浸泡或刷洗。

② 大量的自来水将洗涤剂冲洗干净。

③ 用蒸馏水或去离子水润洗3次，分别是第一次10mL，第二次5mL，第三次5mL。注意培养"量"的意识。清洗其他器皿也应注意。

分析实验中常用的烧杯、锥形瓶、量筒、量杯等一般的玻璃器皿，可用毛刷蘸去污粉或合成洗涤剂刷洗，再用自来水冲洗干净，然后用蒸馏水或去离子水润洗3次。

滴定管、移液管、吸量管、容量瓶等具有精确刻度的仪器，可采用合成洗涤剂洗涤。其洗涤方法是：将配制0.1%～0.5%浓度的洗涤液倒入容器中，浸润、摇动几分钟，用自来水冲洗干净后，再用蒸馏水或去离子水润洗3次，如果未洗干净，可用铬酸洗液浸泡洗涤。

仪器的洗涤方法很多，应根据实验要求、污物性质、沾污的程度来选用。一般说来，附着在仪器上的脏物有尘土和其他不溶性杂质、可溶性杂质、有机物和油污，针对这些情况可以分别用不同方法洗涤。

为了保证仪器的清洁，应该每次实验完毕及时刷洗，并用蒸馏水润洗干净，否则仪器容易结垢，不易清除，影响实验效果。希望同学们养成良好的专业习惯，严谨的工作作风和科学的实验态度，树立职业意识、职业思想。

第三章 化学实验室安全和实验废弃物处理

第一节 化学实验室安全

一、防火与防爆

着火是化学实验室，特别是有机实验室里最容易发生的事故，这是因为化学实验室中经常使用易燃易爆物品、高温高压容器、减压系统（如真空干燥、蒸馏等），如果处理不当，操作失灵，再遇上高温、明火、撞击、容器破裂或没有遵守安全防范要求，往往酿成火灾爆炸事故。

1. 实验室常见的易燃易爆物

（1）易燃液体

如苯、甲苯、甲醇、乙醇、石油醚、丙酮等。

（2）燃烧爆炸性固体

钾、钠等金属。

（3）强氧化剂

硝酸铵、硝酸钾、高氯酸、过氧化钠、过氧化氢、过氧化二苯甲酰等。

（4）可燃气体

一些可燃气体与空气或氧气混合，在一定条件下会发生爆炸。

2. 防火防爆要求

① 许多有机溶剂如乙醚、丙酮、乙醇、苯等非常容易燃烧，大量使用时室内不能有明火、电火花或静电放电。实验室内不可存放过多这类药品，用后还要及时回收处理，不可倒入下水道，以免聚集引起火灾。

② 有些物质如磷、金属钠、钾、电石及金属氢化物等，在空气中易氧化自燃。还有一些金属如铁、锌、铝等粉末，比表面大也易在空气中氧化自燃。这些物质要隔绝空气保存，使用时要特别小心。

③ 使用可燃性气体时，要防止气体逸出，室内通风要良好，严禁同时使用明火，还要防止发生电火花及其他撞击火花。

④ 有些药品如乙炔银、乙炔铜、高氯酸盐、过氧化物等受震和受热都易引起爆炸，使用要特别小心。

⑤ 严禁将强氧化剂和强还原剂放在一起。

3. 实验室灭火

实验室如果着火不要惊慌，应根据情况进行灭火。常用的灭火剂有：水、沙、二氧化碳灭火器、四氯化碳灭火器、泡沫灭火器和干粉灭火器等，可根据起火的原因选择使用。

① 金属钠、钾、镁、铝粉、电石、过氧化钠着火，应用干沙灭火。

② 比水轻的易燃液体，如汽油、苯、丙酮等着火，可用泡沫灭火器灭火。

③ 有灼烧的金属或熔融物的地方着火时，应用干沙或干粉灭火器灭火。

④ 电器设备或带电系统着火，可用二氧化碳灭火器或四氯化碳灭火器灭火。

二、防触电

在化学实验室，经常使用电学仪表、仪器、交流电源进行实验，特别要注意安全用电。

1. 预防措施

① 不用潮湿的手接触电源开关、触摸电器用具。

② 电源裸露部分应有绝缘装置，所有电器的金属外壳都应保护接地。

③ 电器用具要保持在清洁、干燥和良好的情况下使用，经常检查电线、插头或插座，一旦发现损毁要立即更换，清理电器用具前要将电源切断。

④ 实验时，应先连接好电路后才接通电源。实验结束时，先切断电源再拆线路。

⑤ 修理或安装电器时，应先切断电源。使用高压电源应有专门的防护措施。

⑥ 离开实验室前认真检查所有电气设备的电源开关，确认完全关闭后方可离开。

2. 触电的急救

遇到人身触电事故时，必须保持冷静，立即断电，或用木棍将电源线挑离触电者，千万不要在徒手和脚底无绝缘体的情况下去拉触电者。如人在高处，要防止关电源后把人摔伤。脱离电源后，检查伤员呼吸和心跳情况。如果神志清醒，使其安静休息；如果严重灼伤，应送医院诊治。如果触电者神志昏迷，但还有心跳呼吸，应该将触电者仰卧，解开衣服，以利呼吸；周围的空气要流通，要严密观察，并迅速请医生前来诊治或送医院检查治疗。如果触电者呼吸停止，心脏暂时停止跳动，但尚未真正死亡，要迅速对其进行人工呼吸和胸外按压。对触电严重者，必须在急救后再送医院做全面检查，以免耽误抢救时间。

三、防中毒和化学灼伤

1. 化学药品的毒性

化学药品的危险性除了易燃易爆外，还具有腐蚀性、刺激性、对人体的毒性，特别是致癌性，使用不慎会造成中毒或化学灼伤事故。特别应该指出的是，实验室中常用的有机化合物，其中绝大多数对人体都有不同程度的毒害。

2. 预防措施

① 禁止用手直接取用任何化学药品，使用有毒品时除用药匙、量器外必须佩戴橡皮手

套，实验后马上清洗仪器用具，立即用肥皂洗手。

② 尽量避免吸入任何药品和溶剂蒸气。处理具有刺激性的、恶臭的和有毒的化学药品时，如 H_2S、NO_2、Cl_2、Br_2、CO、SO_2、SO_3、HCl、HF、浓硝酸、发烟硫酸、浓盐酸等，必须在通风橱中进行。通风橱开启后，不要把头伸入橱内，并保持实验室通风良好。

③ 严禁在酸性介质中使用氰化物。

④ 禁止用口吸吸管移取浓酸、浓碱，有毒液体，应该用洗耳球吸取。禁止品尝药品试剂，不得用鼻子直接嗅气体，而是用手向鼻孔扇入少量气体。

3. 接触化学试剂急救措施

① 硝酸、盐酸、硫酸烧伤皮肤，应立即用大量水或肥皂水冲洗。如溅入眼睛，用大量低压水流彻底冲洗至少15min。

② 受（强）碱腐蚀。先用大量水冲洗，再用2%醋酸溶液或饱和硼酸溶液清洗，然后再用水冲洗。若碱溅入眼内，用硼酸溶液冲洗。

③ 重铬酸钾：用5%硫代硫酸钠溶液清洗受污染皮肤。

④ 硝酸银烧伤。应用水冲洗，再用5%碳酸氢钠溶液漂洗，涂油膏及磺胺粉。

⑤ 甲醇：皮肤污染用清水冲洗，溅入眼内，立即用2%碳酸氢钠冲洗；误服时，立即用3%碳酸氢钠溶液洗胃后，由医生处置。

⑥ 误吞毒物。常用的解毒方法是：给中毒者服催吐剂，如肥皂水、水或服鸡蛋白、牛奶和食物油等，以缓和刺激，随后用干净手指伸入喉部，引起呕吐。

⑦ 磷中毒的人不能喝牛奶，可用5~10mL 1%的硫酸铜溶液加入一杯温开水内服，引起呕吐，然后送医院治疗。

⑧ 吸入毒气。中毒很轻时，通常只要把中毒者移到空气新鲜的地方，解松衣服（但要注意保温），使其安静休息，必要时给中毒者吸入氧气，但切勿随便使用人工呼吸。若吸入溴蒸气、氯气、氯化氢等，可吸少量酒精和乙醚的混合物蒸气，使之解毒。

⑨ 吸入二氧化硫。立即将患者转移到空气新鲜处，必要时吸氧，用2%碳酸氢钠洗眼。

⑩ 烫伤或灼伤。烫伤后切勿用水冲洗，可在伤口处擦烫伤膏或用浓高锰酸钾溶液擦至皮肤变为棕色，再涂上凡士林。被磷灼伤后，可用1%硝酸银溶液、5%硫酸铜溶液、或高锰酸钾溶液洗涤伤处，然后进行包扎，切勿用水冲洗。

第二节　实验废弃物处理

化学科学的发展极大地推动了人类社会的进步，同时也带来了一些负面影响，很多实验室排放的化学污染废弃物给环境带来了巨大的危害。在许多的化学实验过程中，所产生的一些污染废弃物往往是带有剧毒或是有致癌作用的污染物，这些污染物的直接排放不仅严重污染了环境，还给人们的健康带来了威胁。所以实验室化学污染废弃物的无害化排放已经成为一种必然趋势。

任何产生实验废弃物的单位，都负有对实验废弃物作科学、合理地收集、暂存和无害化处理的责任。各单位应对产生的实验废弃物进行分类收集，妥善贮存。严禁将实验废弃物随意排入下水道以及任何水源，严禁乱丢乱弃、堆放在走廊、过道以及其他公共区域，严禁混放在生活垃圾中。对于化学废弃物应尽量先进行减害性预处理，采取措施减少化学废弃物的体积、重量和危险程度，以降低后续处置的负荷，避免二次污染。

实验室常见化学污染物的处理方法如下。

一、一般废弃物

如废纸、生活废弃物等，应每日及时清理。

二、废气

少量有毒气体可通过通风橱排出室外，被空气稀释。毒气量大时，必须经过相应吸收处理，然后才能排出。如氧化氮、二氧化硫等酸性气体可用碱液吸收。

三、废液

（1）无机酸类

将废酸倒入过量的含碳酸钠或氢氧化钙的水溶液中或用废碱互相中和，中和后用大量水冲洗，排入下水道。

（2）碱性废液

用稀盐酸中和，再用大量水冲洗，排入下水道。

（3）砷废液

砷作为剧毒性化学物质，在很久之前就被人们所认识到。特别是三价砷的毒性最大，是致命性的。砷的急性中毒主要是阻碍细胞代谢，从而使得细胞死亡；而慢性砷中毒可以导致癌变、畸形等情况的发生。

含砷废液，可加入氢氧化钙，调节并控制 pH 为 8，生成砷酸钙、亚砷酸钙沉淀，也可将含砷废液 pH 调节至 10 以上，加入硫化钠，与砷反应生成难溶、低毒的硫化物沉淀后集中处理。

（4）铬废液

铬是主要的环境污染物之一，其化合物普遍存在毒性，其中六价铬的毒性是最高的。而铬酸、重铬酸及其盐类是实验室常用的药品之一，它们不但会刺激、灼烧人们的皮肤和黏膜，同时以蒸气、粉尘状态游离在空气中，被人们吸入后会严重危害鼻腔及呼吸系统黏膜、肠胃受损、白血球下降等病状。

含铬废液，可选用废铁屑将 Cr^{6+} 还原为 Cr^{3+}，再用废碱液或石灰中和使其生成低毒的 $Cr(OH)_3$ 沉淀后集中处理。

（5）汞废液

汞是一种易气化的金属，常以汞蒸气的形式存在。在被人吸入后，会滞留在肺泡内，被毛细血管吸收进入人体，在血液中与红细胞、血红蛋白结合，从而阻碍血细胞的正常代谢功能。汞中毒的症状主要表现为精神异常、齿龈炎、震颤等。

在实验过程中如果不慎将汞溅落在地上，应立即用吸管、毛笔将汞捡起，收集于瓶中，用水覆盖。散落过汞的地面应洒上硫黄粉，将散落的汞覆盖一段时间，使其生成硫化汞，再设法扫净。对于含汞废液，可先调节 pH 至 8~10，加入过量硫化钠，使其生成硫化汞沉淀，再加入硫酸亚铁作为共沉淀剂，硫酸亚铁将水中悬浮的硫化汞微粒吸附而共沉淀。

（6）铅废液

铅及其化合物危害人类的健康，它们主要是通过呼吸道和消化道进入人体。在铅及其化合物进入人体后，会妨碍人的造血功能，使人产生贫血、头疼、困乏、四肢酸痛等症状。铅对儿童的危害尤其严重，儿童铅中毒会产生发育迟缓、多动、智力低下等现象。

可用生石灰将铅废液 pH 调至 8~10，使废液中 Pb^{2+} 生成 $Pb(OH)_2$ 沉淀，加入硫酸亚铁将其沉淀后集中处理。

（7）镉废液

镉主要通过饮食和呼吸进入人体，贮存于肝和肾中。镉不仅会破坏神经系统，而且慢性镉中毒会致癌。

对含镉废液，可用石灰调节 pH 值到 8~10，使 Cd^{2+} 生成 $Cd(OH)_2$ 沉淀。

（8）酚废液

高浓度的酚可用乙酸丁酯萃取、重蒸馏回收。低浓度含酚废液加入 14mol/L 次氯酸钠溶液使酚类氧化成二氧化碳和水，处理后废液集中处理。

四、废渣

实验中出现的固体废弃物不能随便乱放，以免发生事故。如能放出有毒气体或能自燃的危险废料不能丢进废品箱内和排进废水管道中。不溶于水的废弃化学药品禁止丢进废水管道中，必须将其在适当的地方烧掉或用化学方法处理成无害物。碎玻璃和其他有棱角的锐利废料，不能丢进废纸篓内，要收集于特殊废品箱内处理。

第四章 试样的称量

第一节 托盘天平

天平是进行化学实验必不可少的重要称量仪器。由于对质量称量的准确度的要求不同，需要使用的不同类型的天平进行称量。常用的天平种类很多，如托盘天平、电光天平、单盘分析天平等。

一、托盘天平的使用

托盘天平，一种实验室常用的称量用具，由托盘、横梁、平衡螺母、刻度尺、刻度盘、指针、刀口、底座、标尺、游码、砝码等组成。精确度一般为 0.1g 或 0.2g，荷载有 100g、200g、500g、1000g 等。托盘天平如图 4-1 所示。

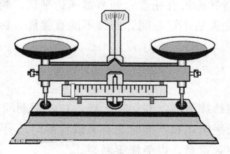

图 4-1 托盘天平

1. 使用方法

① 要放置在水平的地方，游码要指向红色 0 刻度线。

② 调节平衡螺母（天平两端的螺母）调节零点直至指针对准中央刻度线。游码必须归"0"，平衡螺母向相反方向调，使用口诀：左端高，向左调。

③ 左托盘放称量物，右托盘放砝码。根据称量物的性状应放在玻璃器皿或洁净的纸上，事先应在同一天平上称得玻璃器皿或纸片的质量，然后称量待称物质。

④ 砝码不能用手拿，要用镊子夹取，千万不能把砝码弄湿、弄脏（这样会让砝码生锈，砝码质量变大，测量结果不准确），游码也要用镊子拨动。

⑤ 添加砝码从估计称量物的最大值加起，逐步减小。托盘天平只能称准到 0.1g。加减砝码并移动标尺上的游码，直至指针再次对准中央刻度线。

⑥ 过冷过热的物体不可放在天平上称量。应先在干燥器内放置至室温后再称。
⑦ 物体的质量＝砝码的总质量＋游码在标尺上所对的刻度值
⑧ 取用砝码必须用镊子，取下的砝码应放在砝码盒中，称量完毕，应把游码移回零点。
⑨ 称量干燥的固体药品时，应在两个托盘上各放一张相同质量的纸，然后把药品放在纸上称量。
⑩ 易潮解的药品，必须放在玻璃器皿上（如：小烧杯、表面皿）里称量。
⑪ 砝码若生锈，测量结果偏小；砝码若磨损，测量结果偏大。

2. 使用注意

① 轻拿轻放仪器，事先把游码移至 0 刻度线，并调节平衡螺母，使天平左右平衡。
② 右放砝码，左放物体。
③ 砝码不能用手拿，要用镊子夹取，使用时要轻放轻拿。在使用天平时游码也不能用手移动。
④ 过冷过热的物体不可放在天平上称量。应先在干燥器内放置至室温后再称。
⑤ 加砝码应该从大到小，可以节省时间。
⑥ 在称量过程中，不可再碰平衡螺母。
⑦ 砝码与要称重物体放反了又使用了游码，则所称物体的质量比实际的小，应用砝码质量减去游码质量。若没使用游码，则称的质量与实际相等。
⑧ 使用完毕，将实验仪器放回到固定位置。

3. 操作顺口溜

① 左物右码先调零，天平一定要放平，砝码大小顺序夹，完毕归零放盒中。
② 螺丝游码刻度尺，指针标尺有托盘。调节螺丝达平衡，物码分居左右边。
③ 取码需用镊子夹，先大后小记心间。药品不能直接放，称量完毕要复原。

二、托盘天平保养维护

托盘天平及砝码用软刷拂抹清洁，并保持干燥，在使用期间每隔 3～12 个月必须检计量性能以防失准，发现托盘天平损坏和不准时送有关修检部门，另外还注意加载或去载时避免冲击．称量重量不得超过核载重量，以免横梁断裂。

第二节　电子分析天平的使用

电子分析天平可分为电光机械分析天平（全自动电光分析天平、半自动电光分析天平），电子天平等。

一、电光分析天平的构造与使用

1. 电光分析天平的构造

电光分析天平也称半自动电光分析天平，其构造如图 4-2 所示。

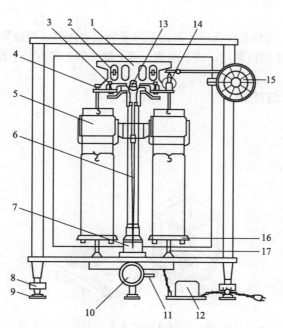

图 4-2　半自动电光分析

1—横梁；2—平衡螺丝；3—支柱；4—蹬；5—阻尼器；6—指针；7—投影屏；
8—螺旋足；9—垫脚；10—升降旋钮；11—调屏拉杆；12—变压器；13—刀口；
14—圈码；15—圈码指数盘；16—秤盘；17—盘托

2. 电光分析天平的使用

(1) 称量前的检查与准备

拿下防尘罩，叠平后放在天平箱上方。检查天平是否正常，天平是否水平，秤盘是否洁净，圈码指数盘是否在"000"位，圈码有无脱位，吊耳有无脱落、移位等。

(2) 调节零点

每次称量之前都要先检查天平的零点。首先接通电源，轻轻的全部开启升降枢，此时可以看见光屏上的缩微标尺的投影在移动，当标尺投影稳定后，若标尺 0.00 不与光屏上的刻线重合，可拨动扳手调节，移动光屏位置，使刻线与标尺 0.00 重合，零点即调好。若光屏移到尽头刻线还不能与标尺 0.00 重合，则请教老师通过旋转平衡螺丝来调整。

(3) 称量

可将称量物用托盘天平（台秤）先进行粗称，然后再用电光分析天平精称。将待称量物置于天平左盘的中央，慢慢打开升降枢，根据指针的偏转方向或光屏上标尺移动方向来变换砝码。如果光屏上标尺的零点偏向标线的右方，则表示砝码质量大，应立即关好升降枢，减少砝码后再称量。若标尺的零点偏向标线的左方，则说明砝码质量小，增加砝码质量后再称量。反复加减砝码至称量物比砝码质量大不超过 1g 时，再转动指数盘加减砝码，直至光屏上的刻线与标尺投影上某一读数重合为止，准备读数。

(4) 读数

砝码确定后，全开天平旋钮，待标尺停稳后即可读数，标尺上读出 10mg 以下的质量。称量时一般都使刻线停在正值范围内。标尺上度数 1 个大格为 1mg，1 小格为 0.1mg。

$$称量物质量 = 砝码质量 + 圈码质量/1000 + 光标尺读数/1000$$

(5) 复原

称量数据记录完毕，即应关闭天平，取出被称量物质，用镊子将砝码放回砝码盒内，圈码指数盘退回到"000"位，关闭两侧门，拔下电源，盖上防尘罩，并在天平使用登记本上登记。

二、电子天平的构造与使用

1. 电子天平构造图

电子天平的构造如图 4-3 所示。

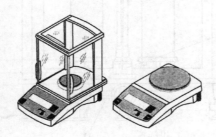

图 4-3　FA1604 型电子天平

2. 电子天平的使用

（1）水平调节

观察水平仪，如水平仪水泡偏移，需调整水平调节脚，使水泡位于水平仪中心。

（2）预热

接通电源，预热至规定时间后（30min），开启显示器进行操作。

（3）开启显示器

轻按 ON 键，显示器全亮，约 2s 后，显示天平的型号，然后是称量模式 0.0000g。读数时应关上天平门。

（4）称量

按 TAR 键，显示为零后，置称量物于称盘上，待数字稳定即显示器左下角的"0"标志消失后，即可读出称量物的质量值。

（5）称后检查

称量结束后，若较短时间内还使用天平（或其他人还使用天平）一般不用按 OFF 键关闭显示器。实验全部结束后，关闭显示器，切断电源，若短时间内（例如 2h 内）还使用天平，可不必切断电源，再用时可省去预热时间。若当天不再使用天平，应拔下电源插头。

三、天平室使用规则

① 分析天平是精密仪器，需安装在专门的天平室内使用。天平室应阔别震源、热源，并与产生腐蚀性气体的环境隔离。室内应清洁无尘。室内以 18～26℃ 为宜，且应相对稳定。室内保持干燥，相对湿度一般不要大于 75%。

② 天平必须安放在牢固的水泥台上，有条件时台面可展橡胶布防滑、减震。天平安放的位置应避免阳光直射，并应悬挂窗帘挡光，以免天平两侧受热不均、横梁发生形变或使天

平箱内产生温差，形成气流，从而影响称量。

③ 不得在天平室里存放或转移挥发性、腐蚀性的试剂（如浓酸、强碱、氨、溴、碘、苯酚及其他有机试剂等）如欲称量这些物质，宜用玻璃密封容器进行称量。

④ 称量是一项非常细致的工作，天平室里应保持肃静，不得喧哗。与称量无关的物品不要带进天平室。

⑤ 不得带湿润的器皿进进天平室。需要称取水溶液时，应盛进密封性好的容器（如细颈比重瓶，称量滴定管等）称量，且应尽量缩短称量时间。

四、分析天平的使用规则

① 天平室应避免阳光照射，保持干燥，防止腐蚀性气体的侵蚀。天平应放在牢固的台上避免振动。

② 天平箱内应保持清洁，要定期放置和更换吸湿变色干燥剂（硅胶），以保持干燥。

③ 称量物体不得超过天平的载荷。

④ 不得在天平上称量热的或散发腐蚀性气体的物质。

⑤ 开关天平要轻缓，以免振动损坏天平的刀口。在天平开启（全开）状态严禁加减砝码和物体。

⑥ 使用电光分析天平加减砝码时，必须用镊子夹取，取下的砝码应放在砝码盒内的固定位置上，不能乱放，也不能用其他天平的砝码。

⑦ 称量的样品，必须放在适当的容器中。不得直接放在天平盘上。

⑧ 称量完毕应将各部件恢复原位，关好天平门，罩上天平罩，切断电源。并检查盒内砝码是否完整无缺和清洁，最后在天平使用记录本上写清使用情况。

五、分析天平一般故障的排除

（一）光学系统故障排除

1. 开启天平后灯泡不亮

① 插头、插座、灯座接触不良，电源线或连接线松动、断掉。

② 变压器损坏或灯泡烧坏。

③ 天平开启后，底板下弹簧开关的接触点生锈、接触不良或未接触上。应用砂纸摩擦接触点或将弹簧片向接点方向弯曲，使其位置合适。

2. 天平关闭后，灯泡仍然亮

① 天平关闭后，弹簧开关的接点不能断开，可将开关的接点弹簧片适当地拨开一些。

② 连接弹簧开关的插头或插座短路。

3. 投影屏不够亮或亮度不均匀

① 电压过低，灯泡发黑，或与灯泡的额定电压不符，应更换同规格的灯泡。适当调节电压。

② 聚光管、微分标尺和放大镜不在一条直线上，可从侧面观察光路，如果由聚光管射出的圆锥形光束的中心未对准微分标尺，或者通过微分标尺以后的光束未对正放大镜的中

心，也会使投影屏上的亮度减弱，应及时调整。

4. 投影屏上微分标尺的刻度模糊，微分标尺偏高、偏低或倾斜

① 微分标尺上的刻度线模糊，是因放大镜的焦距未调好或镜片松动。可旋松放大镜座的固定螺丝，前后移动放大镜座，或旋松放大镜筒的固定螺丝，前后移动放大镜筒，重新调节焦距，直至标尺上的刻度线清晰为止，再旋紧固定螺丝。

② 半边清晰半边模糊，是微分标尺与放大镜不平行。可取下横梁，固定指针中上部，将微分标尺的金属框稍稍扭正。

③ 偏高、偏低，是由于反射镜的角度不对，应拧动第一反射镜的调节手轮，调节第一反射镜的角度，即可纠正。

④ 微分标尺倾斜，可旋松微分标尺金属框的固定螺丝，将其位置摆正，即可纠正。

（二）机械加码装置故障的排除方法

1. 指数盘太紧或太松

定位弹簧片的弹力太强或太弱。用钳子把弹簧片按不同的方向弯曲，以减弱或增大其弹力。

2. 读数盘的指示数据与实际不符

① 环码挂错位置了。

② 读数盘的定位不正确。可转动读数盘使全部加码杆抬起，松开读数盘的固定螺丝，重新对准零点后再固定。

第三节　试样的称量方法

根据不同的称量对象及称量要求，须采用相应的称量方法，常用的称量方法有三种。

一、直接称量法

调节零点后，将称量物置于秤盘上，按从大到小的顺序加减砝码和圈码，使天平达到平衡，所得读数为称量物的质量。

二、固定质量称量法

此法适用于在空气中没有吸湿性的试样，如金属、合金等。先按直接称量法称取盛试样器皿的质量，然后在右边秤盘上加上固定质量的砝码或圈码，再用小匙将试样逐步加到盛放试样的器皿中，直到天平平衡。

三、递减称量法

这种方法称出试样的质量不要求固定的数值，只需在要求的称量范围即可。常用于称取易吸湿，易氧化或易与 CO_2 起反应的物质。称取固体试样时，将适量的试样装入干燥洁净的称量瓶（图 4-4）

中，用洁净的小纸条套在称量瓶上（图 4-5），在天平上称得质量为 m_1（g）。取出称量瓶，在盛试样容器的上方，打开瓶盖，将称量瓶倾斜，用瓶盖轻轻敲击瓶的上部（图 4-6），使试样慢慢落入容器中，当倾出的试样接近所需的质量时，慢慢地将瓶竖起，再用瓶盖敲击瓶口上部，使粘在瓶口的试样落回瓶中，盖好瓶盖，再将称量瓶放回到秤盘上称量，称得质量为 m_2（g），两次质量之差即为倒入容器中的第一份试样的质量。按上述方法可以连续称取多份试样。

第一份试样的质量＝m_1-m_2（g）　第二份试样的质量＝m_2-m_3（g）　第三份试样的质量＝m_3-m_4（g）

图 4-4　称量瓶

图 4-5　小纸条套在称量瓶上

图 4-6　敲击瓶的上部

第四节　称量误差分析

在任何一种测量中，无论所用仪器多么精密，方法多么完善，实验者多么细心，所得结果常常不能完全一致而会有一定的误差或偏差。严格地说，误差是指观测值与真值之差，偏差是指观测值与平均值之差。但习惯上常将两者混用而不加区别。根据误差产生的原因和性质分为系统误差、随机误差和过失误差。

一、系统误差

这种误差又称可测误差。是由分析操作过程中的一些固定的、经常的原因造成的误差。它具有重复性、单向性和可测性。这种误差可以设法减小到可忽略的程度。系统误差产生的原因有以下几个方面。

1. 仪器误差

这是由于在测定时使用的仪器、量器不准所造成的误差。如使用未经过校准的容量瓶、移液管和砝码等而引起的误差。

2. 方法误差

这种误差是由于分析方法本身造成的。如在滴定过程中，由于反应进行的不完全，理论终点和滴定终点不相符合以及由于条件没有控制好和发生其他副反应等原因，都能引起系统的测定误差。

3. 主观误差

这种误差是由于分析工作者控制操作条件的差异和个人固有的习惯造成的。如对滴定终点颜色的判断偏深或偏浅，对仪器刻度读数时的偏高或偏低等。

4. 试剂误差

这是由于所用蒸馏水含有杂质或所使用的试剂不纯所引起的。

二、随机误差

随机误差是指由于各种因素随机变动而引起的误差，具有偶然性。例如，测量时的环境温度、湿度和气压的微小波动，仪器性能的微小变化等。随机误差的大小和方向都是不固定的，因此这样的误差是无法测量的，也是不可能避免的。

从表面看，随机误差似乎没有规律，但是在消除系统误差之后，在同样条件下进行反复多次测定，发现随机误差的出现还是有规律的，它遵从正态分布（图 4-7）。

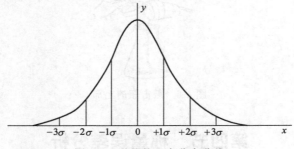

图 4-7 误差的正态分布曲线

从正态分布曲线上反映出随机误差的规律有：

① 绝对值相等的正误差和负误差出现的概率相同，呈对称性。

② 绝对值小的误差出现的概率大，绝对值小的误差出现的概率小，绝对误差很大的误差出现的概率非常小。

根据上述规律，为了减少随机误差，应该重复多做几次平行实验并取其平均值。这样正负随机误差相互抵消，在消除了系统误差的条件下，平均值就可能接近真实值。

三、过失误差

这种误差是由于操作不正确，粗心大意而造成的。例如，加错试剂、读错砝码、溶液溅失等，皆可引起较大的误差。有较大的误差的数值在找出原因后应弃去不用。绝不允许把过失误差当做随机误差。只要工作认真，操作正确，过失误差是完全可以避免的。

四、准确度和精密度

准确度是指测定值和真实值之间相符合的程度。精密度是指相同条件下 n 次重复测定结果彼此相符合的程度,精密度高又称再现性好。在一组测量中,尽管精密度很高,但准确度不一定很好;相反,若准确度好,则精密度一定高。准确度与精密度的区别,可用图 4-8 加以说明。例如甲、乙、丙三人同时测定某一物理量,各分析四次,其测定结果图中以小圈表示。从图 4-8 可见,甲的测定结果的精密度很高,但平均值与真值相差较大,说明其准确度低。乙的测定结果的精密度不高,准确度也低。只有丙的测得结果的精密度和准确度均高。必须指出的是在科学测量中,只有设想的真值,通常是以运用正确测量方法并用校正过的仪器多次测量所得的算术平均值或载之文献手册的公认值来代替的。

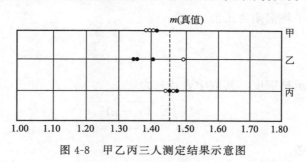

图 4-8　甲乙丙三人测定结果示意图

五、误差和偏差

(一) 绝对误差与相对误差

绝对误差是测定值与真实值之差。相对误差是指误差在真实值中所占的百分数。它们分别可用下列两式表示：

$$绝对误差(E) = 测定值(x) - 真实值(T)$$

$$相对误差(RE) = \frac{绝对误差(E)}{真实值(T)} \times 100\%$$

由于测定值可能大于真实值,也可能小于真实值,所以绝对误差和相对误差都可能有正、有负。

(二) 偏差

偏差的大小是用来表示精密度的高低的,偏差越小说明测定的精密度越高。

1. 绝对偏差和相对偏差

$$绝对偏差\ d = x - \bar{x}$$

$$相对偏差 = \frac{x - \bar{x}}{\bar{x}} \times 100\%$$

在日常分析工作中,对某试样平行测定数次,取其算术平均值作为分析结果,若以 x_1、x_2、$\cdots$、x_n 代表各次的测定值,n 代表平行测定的次数,$\bar{x}$ 代表平均值。

则

$$\bar{x} = \frac{x_1 + x_2 + \cdots + x_n}{n}$$

绝对偏差是指单项测定值与平均值的差值。相对偏差是指绝对偏差在平均值中所占的百分数。由此可知绝对偏差和相对偏差只能用来衡量单项测定结果对平均值的偏离程度,为了更好地说明测定结果的精密度,在一般分析工作中常用平均偏差 $\bar{d}$ 表示。

2. 相对平均偏差

平均偏差是指单项测量值与平均值的偏差（取绝对值）之和，除以测定次数。而相对平均偏差是指平均偏差在平均值中所占的百分数。

$$平均偏差\ \bar{d} = \frac{\sum |d_i|}{n} = \frac{\sum |x_i - \bar{x}|}{n} \quad (i = 1, 2, \cdots, n)$$

$$相对平均偏差 = \frac{\bar{d}}{\bar{x}} \times 100\%$$

平均偏差和相对平均偏差为正值。

3. 标准偏差

（1）标准偏差

用标准偏差来表示精密度，其数学表达式为

$$S = \sqrt{\frac{\sum (x_i - \bar{x})^2}{n-1}}$$

（2）相对标准偏差

标准偏差在平均值中所占的百分数叫做相对标准偏差，也叫做变异系数或变动系数（CV）。

计算式为：

$$CV = \frac{S}{\bar{x}} \times 100\%$$

六、空白实验和对照实验

空白实验是在不加样品的情况下，用测定样品相同的方法、步骤进行定量分析，把所得结果作为空白值，从样品的分析结果中扣除。这样可以消除由于试剂不纯或试剂干扰等所造成的系统误差，空白实验是分析化学实验中常用的一种方法，它可以减小实验误差。比如在溴酸钾法测定苯酚的实验中，由于溴的易挥发性在相同的实验下，将溴酸钾（含有溴化钾）加入另一试剂瓶中，待测溶液苯酚用去离子水代替，其他条件保持不变。这样可以减少由于溴的挥发损失等因素而引起的误差。

对照实验就是一个实验为了防止其他因素的影响，再做几组实验，使它除了原实验本身改变的条件外，其他条件保持一模一样，最后与原实验所得结果进行比对，观察异同。

第五章
溶液的配制

第一节 玻璃仪器的洗涤、干燥

在分析工作中，洗涤玻璃仪器不仅是一个实验前的准备工作，也是一个技术性的工作。仪器洗涤是否符合要求，对分析结果的准确度和精确度均有影响。不同分析工作（如工业分析、一般化学分析和微量分析等）有不同的仪器洗涤要求，下面以一般定量化学分析为基础介绍玻璃仪器的洗涤方法。

一、洗涤仪器的一般步骤

1. 用水刷洗

使用用于各种形状仪器的毛刷，如试管刷、瓶刷、滴定管刷等。首先用毛刷蘸水刷洗仪器，用水冲去可溶性物质及刷去表面黏附的灰尘。

2. 用合成洗涤水刷洗

市售的餐具洗涤剂是以非离子表面活性剂为主要成分的中性洗液，可配制成1%～2%的水溶液，也可用5%的洗衣粉水溶液刷洗仪器，它们都有较强的去污能力，必要时可温热或短时间浸泡。洗涤的仪器倒置时，水流出后，器壁应不挂小水珠。至此再用少许蒸馏水冲洗3次，洗去自来水带来的杂质，即可使用。

二、各种洗涤液的使用

针对仪器沾污物的性质，采用不同洗涤液能有效地洗净仪器。各种洗涤液见表5-1。要注意在使用各种性质不同的洗液时，一定要把上一种洗涤液除去后再用另一种，以免相互作用生成的产物更难洗净。

表 5-1 几种常用的洗涤液

名称	配制方法	用途	注意事项
铬酸洗液	研细的重铬酸钾20g溶于40mL水中，慢慢加入360mL浓硫酸	用于去除器壁残留油污	洗液可重复使用
工业盐酸	浓盐酸或1∶1配制	用于洗去碱性物质及大多数无机物残渣	

续表

名称	配制方法	用途	注意事项
碱性洗液	10%氢氧化钠水溶液或乙醇溶液	用于洗去油性物质	可加热或煮沸使用,但加热时间太长会腐蚀玻璃,碱-乙醇洗液不要加热
碱性高锰酸钾洗液	4g高锰酸钾溶于水中,加入10g氢氧化钠,用水稀释至100mL	洗涤油污或其他有机物	洗后容器沾污处有褐色二氧化锰析出,再用浓盐酸或草酸洗液、硫酸亚铁、亚硫酸钠等还原剂去除
草酸洗液	5~10g草酸溶于100mL水中,加入少量浓盐酸	用于洗涤高锰酸钾洗液后产生的二氧化锰	必要时加热使用
碘-碘化钾洗液	1g碘和2g碘化钾溶于水中,用水稀释至100mL	用于洗涤用硝酸银滴定后留下的黑褐色沾污物,也可用于擦洗沾过硝酸银的白瓷水槽	
有机溶剂	苯、乙醚、二氯乙烷等	用于洗去油污或可溶于该溶剂的有机物质	使用时要注意其毒性及可燃性
乙醇、浓硝酸	在容器中加入不多于2mL的乙醇,加入10mL浓硝酸,静置即发生激烈反应	用于洗涤用一般方法很难洗净的少量残留有机物	不可以提前将乙醇和浓硝酸混合,反应放出大量热及二氧化氮,反应停止后再用水冲,操作应在通风橱中进行,不可塞住容器,作好防护

三、对特殊要求仪器的洗涤方法

有些实验对仪器的洗涤有特殊要求,在用上述方法洗净后,还需要作特殊处理。例如微量凯氏定氮仪,每次使用前都需用蒸汽处理5min以上,以除去仪器中的空气。某些痕量分析用的仪器要求洗去极微量的杂质离子。因此,洗净的仪器还要以优级纯的1∶1硝酸浸泡几十个小时,然后再依次用自来水、蒸馏水洗净,有时则需要在高温下洗净。

四、洗涤仪器的干燥

1. 晾干

晾干是最常用的干燥方法。将洗涤干净的仪器倒置在干净的仪器架或搪瓷盘中,放于通风干燥处,任其水分自然挥发而干燥。晾干后的仪器适用于不急于使用的实验。

2. 吹干

体积小又急需干燥的玻璃仪器,可以用电吹风、压缩空气等吹干。

3. 烘干

需要干燥的玻璃仪器较多时,可选用电烘箱烘干。为促使水分迅速蒸发,烘箱内的温度可调节到105℃(以温度计为准)。一般恒温半小时即可。操作时,将需要烘干的玻璃仪器先控干水分,再瓶口朝下放入烘箱隔板上,以利于残余水分流出。烘箱底层要放一个搪瓷盘,用来承接从玻璃仪器流下的水珠,防止水珠直接滴到底板的电炉丝上,损坏烘箱。

4. 烤干

将仪器直接放在火源上加热,使水分快速蒸发而使仪器干燥的方法称为烤干法。此法适用于可以直接加热或耐高温的仪器,如试管、烧杯、烧瓶、坩埚等。

仪器加热前应先将外壁水分擦干。烧杯、烧瓶等可以直接放在石棉网上用小火烤干。试管、蒸发皿、坩埚等都可以直接用火烤干。

烤干试管时,先将试管外壁水分擦干,用试管夹夹住试管上端,管口稍微朝下倾斜,避免水珠倒流炸裂试管。先使试管底部接近火源,再反复移动试管使各部分受热均匀。最后,当试管内水珠消失后,直立试管赶尽水汽。

对于厚壁瓷质仪器,不能烤干,但可以烘干。

5. 快干

快干法是指利用有机溶剂的挥发作用使仪器快速干燥的方法。所用有机试剂是能与水混溶且易挥发的溶剂,如乙醇、丙酮、乙醚等。利用这些试剂的挥发性,可以将仪器内部的残留水分迅速带走。

快干法一般使在实验过程中急需干燥仪器的情况下临时使用的。另外有些计量仪器带有刻度,不能加热干燥,因为加热会影响仪器的精度,所以这些仪器的干燥可采用快干法。

操作时,先擦干仪器外壁,再向仪器内倒入少量(3～5mL)能与水混溶且挥发性强的有机溶剂,转动仪器使溶剂在内壁流动,当内壁被有机溶剂全部湿润后,倒出溶剂并将其回收,少量残留的有机溶剂会迅速挥发而使仪器干燥。如果用电吹风的热风将残留试剂吹出,则仪器干燥的更快。

第二节　量筒的使用

一、量筒简介

量筒是用来量取液体体积的一种玻璃仪器,如图5-1所示。规格以所能量度的最大容量

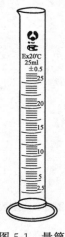

图 5-1　量筒

(mL)表示,常用的有 10mL、25mL、50mL、100mL、250mL、500mL、1000mL 等。外壁刻度都是以 mL 为单位,10mL 量筒每小格表示 0.2mL,而 50mL 量筒每小格表示 1mL。可见量筒越大,管径越粗,其精确度越小,由视线的偏差所造成的读数误差也越大。所以,实验中应根据所取溶液的体积,尽量选用能一次量取的最小规格的量筒。分次量取也能引起误差。如量取 70mL 液体,应选用 100mL 量筒。

二、量筒的使用方法

1. 把液体注入量筒

　　向量筒里注入液体时,应用左手拿住量筒,使量筒略倾斜,右手拿试剂瓶,使瓶口紧挨着量筒口,使液体缓缓流入。待注入的量比所需要的量稍少时,把量筒放平,改用胶头滴管滴加到所需要的量。

2. 量筒的刻度

　　量筒没有"0"的刻度,一般起始刻度为总容积的1/10。不少化学书上的实验图,量筒的刻度面都背着人,这很不方便。因为视线要透过两层玻璃和液体,若液体是浑浊的,就更看不清刻度,而且刻度数字也不顺眼。所以刻度应面对人。

3. 读出所取液体的体积数

　　注入液体后,等1~2min,使附着在内壁上的液体流下来,再读出刻度值。否则,读出的数值偏小。

4. 读出所取液体的体积数

　　读取液体体积时,应把量筒放在平整的桌面上,观察刻度时,视线与量筒内液体的凹液面的最低处保持水平,再读出所取液体的体积数。否则,读数会偏高或偏低。如图5-2所示。

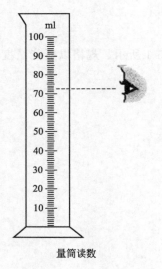

量筒读数

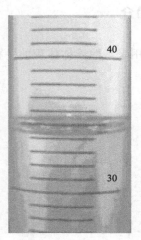

图 5-2　读数

5. 量筒不能加热或量取过热的液体

　　量筒面的刻度是指温度在20℃时的体积数。温度升高,量筒发生热膨胀,容积会增大。由此可知,量筒是不能加热的,也不能用于量取过热的液体,更不能在量筒中进行化学反应或配制溶液。

6. 从量筒中倒出液体后的冲洗

　　从量筒中倒出液体后是否需要冲洗,要看具体情况而定。如果仅仅是为了使测量准确,没有必要用水冲洗量筒，因为制造量筒时已经考虑到有残留液体这一点。相反，如果冲洗反而使所取体积偏大。如果要用同一量筒再量别的液体，就必须用水冲洗干净，为防止杂质的污染。

注：量筒一般只能用于精度要求不很严格时使用，通常应用于定性分析方面，一般不用于定量分析，因为量筒的误差较大。量筒一般不需估读，因为量筒是粗量器，但有时也需估读，如物理电学量器中的电流表，是否估读尚无定论。

7. 量筒的仰视与俯视

看量筒的容积时是看水面的中心点。

俯视时视线斜向下视线与筒壁的交点在水面上所以读到的数据偏高，实际量取溶液值偏低。仰视是视线斜向上视线与筒壁的交点在水面下所以读到的数据偏低，实际量取溶液值偏高，如图 5-3 所示。

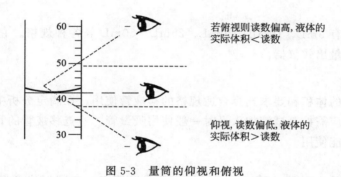

图 5-3　量筒的仰视和俯视

8. 量筒使用限制

① 量筒容积太小，不适宜进行反应。
② 不能在量筒内稀释或配制溶液，不能对量筒加热，所以不易配制溶液。
③ 不能在量筒里进行化学反应，反应可能放热。以免对量筒产生伤害，有时甚至会发生危险。

注意：在量液体时，要根据所量的体积来选择大小恰当的量筒（否则会造成较大的误差），读数时应将量筒垂直平稳放在桌面上，并使量筒的刻度与量筒内的液体凹液面的最低点保持在同一水平面。一般来说量筒是直径越细越好，这样的精确度更高，因为圆形的面积只能计算粗略数，所以直径越大，误差越大。

三、使用量筒的注意事项

① 不能做反应容器。
② 不能加热。
③ 不能稀释浓酸、浓碱。
④ 不能储存药剂。
⑤ 不能量取热溶液。
⑥ 不能用去污粉清洗以免刮花刻度。

第三节 移液管、吸量管的使用

一、移液管、吸量管

（一）移液管

移液管是用来准确移取一定体积溶液的量出式玻璃量器，它是一根细长而中间膨大的玻璃管，在管的上端有一环形标线，膨大部分标有它的容积和标定时的温度。在标明的温度下，吸取溶液至弯月面与管颈的标线相切，再让溶液按一定的方式自由流出，则流出溶液的体积就等于管上所标示的容积。

1. 移液管的种类

常用的移液管有 5mL、10mL、20mL、25mL、50mL 等各种规格。它是用于准确移取一定量体积液体的量出式仪器。

2. 移液管的使用

根据所移溶液的体积和要求选择合适规格的移液管使用，在滴定分析中准确移取溶液一般使用移液管，反应需控制试液加入量时一般使用吸量管。检查移液管的管口和尖嘴有无破损，若有破损则不能使用。

(1) 使用前

使用移液管，首先要看一下移液管标记、准确度等级、刻度标线位置等。使用移液管前，应先用铬酸洗液润洗，以除去管内壁的油污。然后用自来水冲洗残留的洗液，再用蒸馏水洗净。洗净后的移液管内壁应不挂水珠。移取溶液前，应先用滤纸将移液管末端内外的水吸干，然后用欲移取的溶液涮洗管壁 2~3 次，以确保所移取溶液的浓度不变。如图 5-4 所示。

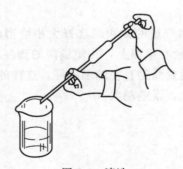

图 5-4 清洗

(2) 吸液

摇匀待吸溶液，将待吸溶液倒一小部分于一洗净并干燥的小烧杯中，用滤纸将清洗过的移液管尖端内外的水分吸干，并插入小烧杯中吸取溶液，当吸至移液管容量的 1/3 时，立即用右手食指按住管口，取出，横持并转动移液管，使溶液流遍全管内壁，将溶液从下端尖口处排入废液杯内。如此操作，润洗了 3~4 次后即可吸取溶液。将用待吸液润洗过的移液管插入待吸液面下 1~2cm 处用吸耳球按上述操作方法吸取溶液（注意移液管插入溶液不能太深，并要边吸边往下插入，始终保持此深度）。当管内液面上升至标线以上 1~2cm 处时，迅速用右手食指堵住管口（此时若溶液下落至标线以下，应重新吸取），将移液管提出待吸液面，并使管尖端接触待吸液容器内壁片刻后提起，用滤纸擦干移液管或吸量管下端粘附的少量溶液（在移动移液管或吸量管时，应将移液管或吸量管保持垂直，不能倾斜）。如图 5-5 (a) 所示。

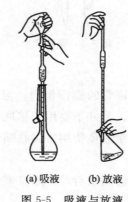

(a) 吸液　　(b) 放液

图 5-5　吸液与放液

（3）调节液面

左手另取一干净小烧杯，将移液管管尖紧靠小烧杯内壁，小烧杯保持倾斜，使移液管保持垂直，刻度线和视线保持水平（左手不能接触移液管）。稍稍松开食指（可微微转动移液管或吸量管），使管内溶液慢慢从下口流出，液面将至刻度线时，按紧右手食指，停顿片刻，再按上法将溶液的弯月面底线放至与标线上缘相切为止，立即用食指压紧管口。将尖口处紧靠烧杯内壁，向烧杯口移动少许，去掉尖口处的液滴。将移液管或吸量管小心移至承接溶液的容器中。

（4）放出溶液

将移液管或吸量管直立，接受器倾斜，管下端紧靠接受器内壁，放开食指，让溶液沿接受器内壁流下，管内溶液流完后，保持放液状态停留 15s，将移液管或吸量管尖端在接受器靠点处靠壁前后小距离滑动几下（或将移液管尖端靠接受器内壁旋转一周），移走移液管残留在管尖内壁处的少量溶液，不可用外力强使其流出，因校准移液管或吸量管时，已考虑了尖端内壁处保留溶液的体积（除在管身上标有"吹"字的，可用吸耳球吹出，不允许保留）。如图 5-5 (b) 所示。

（5）使用后

洗净移液管，放置在移液管架上。

（二）吸量管

1. 吸量管的规格

吸量管（如图 5-6 所示）是用于移取所需不同体积的量器，全称是"分度吸量管"，是带有分度线的玻璃管。常用的吸量管有 1mL、2mL、5mL、10mL 等各种规格。

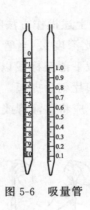

图 5-6 吸量管

2. 吸量管的使用

用吸量管吸取溶液时,基本与移液管的操作相同,但其移取溶液的准确度不如移液管。这类吸量管的精确度低些,但流速快,最好不要用于移取标准溶液。几次平行试验中,应尽量使用同一支吸量管的同一段,并尽量避免使用管尖收缩部分,以免带来误差。

(1) 洗涤

将 5mL 和 1mL 吸量管用铬酸洗液洗涤后,再用自来水和蒸馏水依次冲洗干净,使其内外壁被均匀润湿而不挂水珠。

(2) 吸取溶液(以水代替)

用吸水纸将吸量管尖端内外壁的水吸净,再用烧杯内的待吸溶液将吸量管淋洗 3 次,然后用洗耳球吸取溶液至吸量管最上面的标线以上,用右手食指迅速按住管口。

(3) 调节液面

将吸量管提离液面,管尖端紧靠烧杯内壁,用右手食指控制上管口,使管内液面平稳下降,直到管内液体的弯月面与最上面的标线相切,用食指按紧管口,取出吸量管,插入锥形瓶中。

(4) 放出溶液

如欲量取 2.5mL 或 0.5mL 溶液时,先使锥形瓶倾斜,吸量管直立,管尖紧贴锥形瓶内壁,用食指控制管口,使管内溶液从下口流入瓶内,直至 2.5mL 吸量管内溶液的弯月面与 2.5mL 的刻度线相切,1mL 吸量管内的液面与 0.5mL 的刻度线相切时,用食指按紧管口,将吸量管移去。

二、移液管与吸量管的标识的意义

移液管、吸量管一般标有:"快"、"A"、"B"、"吹"四种符号。

写"快"或者"B"的表示:看到液体放完,再等 3s,转移的液体量就达到标明的液体体积了。

与"快"相对的,是写着"A"的管子:这种管子一般都很贵,精确度高些,等看到液体转移放完之后,需要再等待 15s 才能让移液管离开容器壁。

"吹"字意思是:等放液结束,需要用洗耳球把移液管尖端残存的液柱吹到容器里,才能达到目标体积。这段液柱一般可达 0.1~0.3mL,是很大的一个量,不能不注意,不然体积误差太大。"A"管甚少有带"吹"的，带"吹"的一般都是"B"或"快"的管子。

第四节　容量瓶的使用

一、简介

容量瓶是常用的测量容纳液体体积的量入式量器。它是一种细颈梨形的平底玻璃瓶，带有磨口玻璃塞。在其颈上有一标线，在指定温度下，当溶液充满至弯月液面下缘与标线相切时，所容纳的溶液体积等于瓶上标示体积。它主要用于直接法配制标准溶液和准确稀释溶液以及制备样品溶液。常和移液管配合使用，以把某种物质分为若干等份。

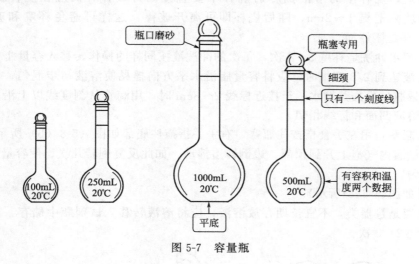

图 5-7　容量瓶

二、容量瓶的种类

容量瓶（如图 5-7 所示）有多种规格，常见的有 50mL、100mL、250mL、500mL、1000mL 和 2000mL 等。实验中常用的是 100mL 和 250mL 的容量瓶。

三、容量瓶的使用

1. 验漏

注入自来水至标线附近，盖好瓶塞，用左手的食指顶住瓶塞，右手的指尖顶住瓶底边缘，将其倒立 2min，观察瓶塞周围是否有水漏出。如果不漏，在把塞子旋转 180°，塞紧，倒置，如仍不漏水，则可使用。

2. 洗涤

可先用自来水刷洗，洗后，如内壁有油污，则应倒尽残水，加入适量的铬酸洗液（250mL 规格的容量瓶可倒入 10~20mL），倾斜转动，使洗液充分润洗内壁，再倒回原洗液瓶中，用自来水冲洗干净后再用去蒸馏水润洗 2~3 次备用。

3. 容量瓶与塞子

容量瓶与塞子配套使用，容量瓶的塞子不能互换。瓶塞必须用橡皮筋系在瓶颈上，以防止摔碎。系绳不能太长，以 2~3cm 为宜，以可开启塞子为限。

4. 定容

① 如果用固体物质（基准物质或被测试样）配制溶液时，先将准确称量的试剂放在小烧杯中，再加入适量的水，搅拌溶解（若难溶，可盖上表面皿，稍加热溶解，但必须放冷后才能转移）。

② 用玻棒把溶解好的溶液转移入容量瓶中，转移方法如图 5-8（a）所示，一手拿着玻棒，并将它伸入瓶中；一手拿烧杯，让烧杯嘴贴紧玻棒，慢慢倾斜烧杯，使溶液沿着玻棒流下，烧杯中的溶液倒尽后烧杯不要直接离开玻棒，而应在烧杯扶正的同时使烧杯嘴沿玻棒上提 1~2cm，随后烧杯即可离开玻棒，这样可避免杯嘴和玻棒之间的一滴溶液流到烧杯外面。

③ 用蒸馏水冲洗烧杯壁 3~4 次，每次的冲洗液按同样的操作转移入容量瓶中。

④ 当溶液达到 2/3 容量时，应将容量瓶沿水平方向摇晃使溶液初步混匀，注意，此时不能倒转容量瓶！再加蒸馏水，至接近标线 2~3cm 时，用滴管从刻度线以上沿瓶壁缓慢滴加蒸馏水至溶液凹面和标线相切。

⑤ 盖紧瓶塞，用左手食指按住瓶塞，右手手指拖住底部如图（5-8（b）所示），倒转容量瓶，使容量瓶内气泡上升到顶部，边倒转边摇动，如此反复倒转几次，使容量瓶中的溶液充分混合均匀。

⑥ 静置如图(5-8(c)所示)。

⑦ 容量瓶是量器类，不宜长期存放溶液，应将溶液转移入试剂瓶中储存，试剂瓶应先用该溶液清洗 2~3 次。

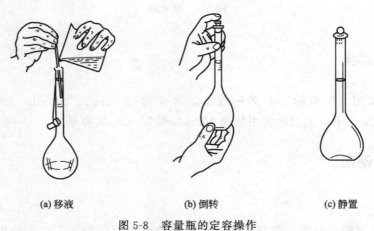

(a) 移液　　　(b) 倒转　　　(c) 静置

图 5-8　容量瓶的定容操作

四、容量瓶的使用训练

1. 技能点

① 掌握容量瓶的使用方法。

② 熟练进行定容操作。

2. 工作过程

① 在容量瓶中放水到标线附近，塞紧瓶塞，使其倒立 2min，用干滤纸片沿瓶口缝处检查，看有无水珠渗出。

② 如果不漏，再把塞子旋转 180°，塞紧，倒置，试漏。

③ 若不漏，先将精确称重的试样放在小烧杯中，加入少量溶剂，搅拌使其溶解。沿搅棒用转移沉淀的操作将溶液定量地移入洗净的容量瓶中，然后用洗瓶吹洗烧杯壁 2～3 次，按同法转入容量瓶中。

④ 当溶液加到瓶中 2/3 处以后，将容量瓶水平方向摇转几周，使溶液大体混匀。

⑤ 加水到距标线 2～3cm，等待 1～2min，使附在瓶颈内壁的溶液流下。

⑥ 用滴管或洗瓶从标线以上 1cm 以内的一点沿壁缓缓加水直至弯月面下缘与标线相切。

⑦ 盖好瓶塞，用掌心顶住瓶塞，另一只手的手指托住瓶底，随后将容量瓶倒转，使气泡上升到顶，此时可将瓶振荡数次。再倒转过来，仍使气泡上升到顶。如此反复 10 次以上，才能混合均匀。

重复上述操作 3 次以上，直至熟练掌握使用技巧。

第六章
加热、蒸发和结晶

第一节 加热

一、电热套和电热板的使用

（一）电热套

1. 电热套简介

电热套是实验室通用加热仪器的一种，由无碱玻璃纤维和金属加热丝编制的半球形加热内套和控制电路组成，如图 6-1 所示，多用于玻璃容器的精确控温加热。具有升温快、温度高、操作简便、经久耐用的特点，是做精确控温加热试验的最理想仪器。

图 6-1 电热套

2. 使用方法

① 插入～220V 电源，打开电源开关，显示窗显示"K"，设定窗显示"400"字样，为本电器配用 K 型热电偶，最高控制温度 400℃，3s 后，显示窗显示室温，设定窗显示上次设定温度值。

② 单键操作，按设定加"▲"或设定减"▼"键不放，将快速设定出所需的加热温度如：100℃，绿灯亮表示加温，绿灯灭表示停止，微电脑将根据所设定温度与现时温度的温差大小确定加热量，确保无温冲一次升温到位，并保持设定值与显示值±1℃温差下的供散热平衡，使加热过程轻松完成。

③ 电热套左下方有一橡胶塞，用来保护外用热电偶插座不腐蚀生锈和导通内线用，拔掉则内探头断开，机器停止工作。如用外用热电偶时应将此橡胶塞拔掉保存，将外用热电偶

插头插入插座并锁紧螺母，然后将不锈钢探棒放入溶液中进行控温加热。

④ 该电器设有断偶保护功能，当热电偶连接不良时，显示窗百位上显示"1"或"hh-hh"，绿灯灭，电器即停止加温，需检查后再用。

3. 注意事项

① 仪器应有良好的接地。

② 第一次使用时，套内有白烟和异味冒出，颜色由白色变为褐色再变成白色属于正常现象，因玻璃纤维在生产过程中含有油质及其他化合物，应放在通风处，数分钟消失后即可正常使用。

③ 3000mL 以上电热套使用时有吱吱响声是炉丝结构不同及与可控硅调压脉冲信号有关，可放心使用。

④ 液体溢入套内时，请迅速关闭电源，将电热套放在通风处，待干燥后方可使用，以免漏电或电器短路发生危险。

⑤ 长期不用时，请将电热套放在干燥无腐蚀气体处保存。

⑥ 请不要空套取暖或干烧。

⑦ 环境湿度相对过大时，可能会有感应电透过保温层传至外壳，请务接地线，并注意通风。

(二) 电热板

1. 电热板简介

不锈钢调温电热板广泛应用于样品的烘干、干燥等实验，是实验室的必备工具。如图 6-2 所示。

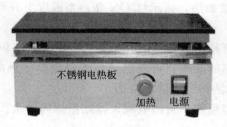

图 6-2　电热板

2. 特点

① 加热器采用浇铸成型工艺制作，高温状态无翘曲变形。

② 面板选材不锈钢，有优越的抗腐蚀性能。

③ 最大加热功率 2000W，最大加热面积 $0.08m^2$。

④ 温度由调温旋钮控制，操作简便，使用安全。

3. 使用方法

接好线路，打开电源开关，向顺时针方向旋转加热旋钮，转动幅度越大，加热板温度越高，之后可将需加热的试剂或仪器置于加热板上进行加热。

4. 注意事项

① 必须使用与仪器要求相符的电源，电源插座应采用三孔安全插座，并安装地线。

② 使用过程中应防止加热介质溢出器皿，流入箱体损坏电器。

③ 禁止空烧。

二、水浴锅的使用

(一) 水浴锅简介

水浴锅主要用于实验室中蒸馏、干燥、浓缩及温渍化学药品或生物制品，也可用于恒温加热和其他温度试验，是生物、遗传、病毒、水产、环保、医药、卫生、化验室、分析室、教育科研的必备工具。

(二) 使用方法

① 电子恒温水浴锅应放在固定平台上，先将排水口的胶管夹紧，再将清水注入水浴锅箱体内（为缩短升温时间，亦可注入热水）。

② 接通电源，显示 OFF 的红色指示灯亮，旋转温度调节旋钮至设定的温度（顺时针升温，逆时针降温），水开始被加热，指示灯 ON 亮；当温度上升到设定温度时，指示灯 OFF 亮，水开始被恒温。

③ 水浴恒温后，将装有待恒温物品的容器放于水浴中开始恒温。

④ 恒温时为了保证恒温的效果，可在恒温容器于箱体接触的部位用硬纸板封严，恒温容器中的恒温物品应低于水浴锅的恒温水浴面。

⑤ 使用完毕后，取出恒温物，关闭电源，排除箱体内的水。并做好仪器使用记录。

(三) 优缺点

1. 优点

使物体受热均匀，减慢熔化过程，便于观察。部分试验中不会导致暴沸的现象。

2. 缺点

由于在一个标准大气压下，水的沸点为 100℃，在 100℃时汽化吸热，当物体达到 100℃时，与水没有温差，无法热传递，所以使物体无法继续吸热升温，只能保持 100℃，如果要使物体升高到 100℃以上，可以把水改成石棉网，从而让物体升高到 100℃以上。

三、烘干箱的使用

(一) 烘干箱简介

烘干箱用于材料烘干、树脂固化、制药、烤漆、电子、电镀、制药、印刷烘培、电机烘干、变压器烘干、工业热处理、消毒以及加热，保温等工艺设备之用。

烘干箱采用型钢和薄板形成后焊接而成，结构合理，坚固耐用，工作室与箱体外壳之间充有绝热性好的保温层。鼓风装置能使工作室内被加热的空气强制对流，提高了箱内的温度均匀性能。开启风顶阀门能使工作室内空气换新。鼓风箱内工作室左壁与保温层之间装有风道，内装有鼓风、风叶及导向板，可开启鼓风开关，使鼓风机工作。如图6-3所示。

图6-3 烘干箱

（二）使用方法

使用前检查电压，较小体积的烘干箱所需电压为220V，较大体积的烘干箱所需电压为380V（三相四线），根据烘干箱耗电功率安装足够容量的电源闸刀，并且选用合适的电源导线，外壳还应接地。

以上工作准备就绪后，方可将试品放入烘干箱内，然后连接电源，开启烘干箱开关，带鼓风装置的烘干箱，在加热和恒温的过程中必须将鼓风机开启，否则工作室温度会不均匀，时间长还会损坏加热元件。随后设定好需要的温度，烘干箱即进入工作状态。

（三）注意事项

① 烘干箱应放在室内干净的水平处，保持干燥，做好防潮和防湿，并要防止腐蚀。烘干箱放置处要有一定的空间，四面离墙体建议要有1m以上的距离。

② 电源输入端应装置专用的前级通断开关、并接妥良好地线。

③ 检查电源电压，电源接线无误后，才可通电使用。

④ 在新购使用或搁置较久再用时，应先用低温烘烤（80~100℃）2h后再开始升高温度。

⑤ 仪表控温的热敏元件探头应从左侧线路层的测温孔中插入工作室内，不得从箱顶气阀中心孔插入，以免影响使用。

⑥ 烘箱切忌烘烤易爆、易燃及挥发性物品，以防爆炸。

⑦ 使用时如感到热惯性稍大时，可关闭一组加热器以降低发热功率防止惯性过大造成超温。

⑧ 取出烘烤物件，请勿撞击伸入工作室内的控温器部分，防止损坏控温器导致失灵。

四、马福炉的使用

（一）马福炉简介

马福炉是实验用箱式高温电炉，常用工作温度为950℃，一般由炉体、温度控制器和热电偶三部分组成。马福炉主要用于熔融金属、灰化有机物以及重量分析中对样品进行高温处理。如图 6-4 所示。

图 6-4 马福炉

(二) 马福炉的安装方法

① 一般马福炉不需特殊安装，室内平整的地面或工作台（架）上均可安装，但配套的温控仪应避免受震动，且放置位置与电炉不宜太近，防止过热而影响控制部分的正常工作。

② 将热电偶从热电偶固定座的小孔中插入炉膛，孔与热电偶之间间隙用石棉绳填塞。

③ 揭开温控仪罩壳，按"电阻炉与温度控制器电气连接接线示意图"及温控仪后端接线板标注用导线连接电源、电炉、热电偶、炉门安全开关。

④ 连接电源时，相线和中心线不可接反，否则会影响温度控制器的正常工作，并有触电危险，在电源线的前级，需另外安装开关，以便控制总电源。

⑤ 连接热电偶至温度控制器的导线应用补偿导线，以消除冷端温度变化所引起的影响，连接时正负极不可接反。

⑥ 检查各部接线正确无误后，便可通电升温。

(三) 马福炉的操作方法

① 旋转温控仪下端调零螺钉，调整机械零点。在使用补偿导线及冷端补偿器时，应将机械零点调整至冷端补偿器的基准的温度。不使用补偿导线时，则机械零点应调整到刻度零位，但所指示的温度为被测点和热电偶冷端的温度差。

② 检查各处接线及变压器，确认无误后，旋转温控仪上的控温螺钉，将控温指针调至所需温度的位置。

③ 接通电源，打开控制器上的电源开关，此时绿灯亮，表示电流接通，电流表即有读数产生，温控仪上指示温度的指针（上指针）偏离零点，逐渐上升，此现象表示电炉和温控仪均在正常工作。

④ 在炉温升到所需的工作温度时，即指示温度的指针上升到和控温指针相遇时，红灯亮，表示电炉断电，停止加热，炉温恒定。

⑤ 灼烧完毕，应切断电源，但不能立即打开炉门，一般是先开一条小缝，使炉温很快下降，然后再打开炉门，用坩埚钳取出被烧物件。

(四) 注意事项

① 温控仪的位置与高温炉不宜太近，以防止因过热而使电子元件不能正常工作。

② 按高温炉的额定电压，配置功率合适的插头、插座、保险丝等。炉体外壳和控制器

外壳应接好地线，在高温炉前的地面上铺一块厚橡胶板，以避免危险，保证安全。

③ 高温炉第一次使用或长期停用后再次使用时，必须进行烘炉。高温炉的型号不同，烘炉时间也不相同。

④ 在高温炉内进行试样的灼烧或熔融时，必须将试样置于耐高温的瓷坩埚或瓷皿中，并严格控制操作条件，以防温度过高而发生样液飞溅，腐蚀和黏结炉膛。炉膛内应衬有耐火薄板，并应及时清除耐火板上的熔渣、金属氧化物或其他杂质，以保持炉膛的平整清洁。

⑤ 将坩埚、坩埚架等物品放入炉膛时，切勿碰及热电偶，因为伸入炉膛热电偶的热接点在高温下很容易折断。

⑥ 灼烧完毕，应立即切断电源，但不能立即打开炉门，以免炉膛因突然受冷而碎裂。

⑦ 炉温不得超过最高温度以免烧毁电热元件。使用过程中要经常照看，防止因自控失灵而造成炉丝烧断等事故。使用完毕，切断电源，关闭炉门，以避免炉膛受潮气侵蚀。

⑧ 高温炉周围不应存放易燃易爆物品，更不能在炉膛内灼烧有爆炸危险的物品。

第二节　蒸发

一、蒸发简介

液体温度低于沸点时，发生在液体表面的汽化过程，在任何温度下都能发生。影响蒸发快慢的因素：温度、湿度、液体的表面积、液体表面的空气流动等。

化工生产中蒸发操作的目的通常有以下几种。

① 获得浓缩的溶液直接作为化工产品或半成品。

② 藉蒸发以脱除溶剂，将溶液增浓至饱和状态，随后加以冷却，析出固体产物，即采用蒸发、结晶的联合操作以获得固体溶质。

③ 脱除溶质，制取纯净的溶剂。

二、蒸发实验

1. 原理

利用加热的方法，使溶液中溶剂不断挥发而析出溶质（晶体）的过程。

2. 实验仪器

蒸发皿、铁架台、玻璃棒、坩埚钳、酒精灯。这里主要介绍蒸发皿的使用。

3. 蒸发皿

蒸发皿可用于蒸发浓缩溶液或灼烧固体的器皿。口大底浅，有圆底和平底带柄的两种。最常用的为瓷制蒸发皿，也有玻璃、石英、铂等制成的，如图 6-5 所示。质料不同，耐腐蚀性能不同，应根据溶液和固体的性质适当选用。对酸、碱的稳定性好。可耐高温，但不宜骤冷。

当欲由溶液中得到固体时，常需以加热的方法赶走溶剂，此时就要用到蒸发皿。溶剂蒸发的速率越快，它的结晶颗粒就越小。视所需蒸发速率的快慢不同，可以选用直接将蒸发皿

图 6-5 蒸发皿

放在火焰上加热的快速蒸发、用水浴加热的较和缓的蒸发或是令其在室温的状态下慢慢地蒸发三种方式。

一般在实验室中要纯化固体时,都要以再结晶的方法来使固体的纯度增加。再结晶的方法通常为选取适当的溶剂,使不纯物中的杂质在此溶剂中具有难溶或不溶的特性,而欲纯化的成分则在此溶剂中有相当好的溶解度。先将欲纯化的固体以最少量的热溶剂溶解,此时若有不溶的杂质,则应立即将溶液在此温热的状况下过滤;如此即可将不溶的固体杂质藉过滤留在滤纸上;滤下的滤液中主成分的纯度即可增加,再将滤液倒入蒸发皿中令其结晶,得到的晶体即为纯度增高的物质。

4. 操作要领

能耐高温,但不能骤冷,液体量多时可直接在火焰上加热蒸发。液体量少或粘稠时,要隔着石棉网加热。

① 加热后不能骤冷,防止破裂。
② 加热后不能直接放到实验桌上,应放在石棉网上,以免烫坏实验桌。
③ 液体量多时可直接加热,量少或黏稠液体要垫石棉网或放在泥三脚架上加热。
④ 加热蒸发皿时要不断的用玻璃棒搅拌,防止液体局部受热四处飞溅。
⑤ 加热完后,需要用坩埚钳移动蒸发皿。
⑥ 大量固体析出后就熄灭酒精灯,用余热蒸干剩下的水分。
⑦ 加热时,应先用小火预热,再用大火加强热。
⑧ 要使用预热过的坩埚钳取拿热的蒸发皿。
⑨ 蒸发皿中溶液不超过其容积 2/3。

5. 蒸发操作口诀

皿中液体不宜多,防止飞溅要搅动。
较多固体析出时,移去酒精灯自然蒸。

① 皿中液体不宜多,防止飞溅要搅动:"皿"指蒸发皿。意思是说加入蒸发皿中的液体不宜过多(一般不应超过蒸发皿容积的 2/3),在加热过程中,要用玻璃棒不断搅动,防止由于局部温度过高,造成液滴飞溅。

② 较多固体析出时,移去酒精灯自然蒸:意思是说当蒸发皿中出现较多的固体时,应立即移去酒精灯停止加热,利用蒸发皿的余热使液体自然蒸干。

第三节　结晶

一、结晶简介

热的饱和溶液冷却后，溶质以晶体的形式析出，这一过程叫结晶。结晶方法一般为两种，一种是蒸发结晶，一种是降温结晶。在实验室里为获得较大的完整晶体，常使用缓慢降低温度，减慢结晶速率的方法。利用混合物中各成分在同一种溶剂里溶解度的不同或在冷热情况下溶解度显著差异，而采用结晶方法加以分离的操作方法。

只要有结晶形成，表明化合物纯度达到了相当纯度。结晶法是精制固体化合物的重要方法之一。初次析出的结晶往往不纯，将不纯的结晶处理制成较纯结晶的过程叫重结晶。

用于结晶和重结晶的常用溶剂有：水、甲醇、乙醇、异丙醇、丙酮、乙酸乙酯、氯仿、冰醋酸、四氯化碳、苯、石油醚等。

二、结晶方法

1. 降温结晶法

若有一杯不饱和溶液，先加热溶液，蒸发溶剂成饱和溶液，此时降低热饱和溶液的温度，溶解度随温度变化较大的溶质就会呈晶体析出，叫降温结晶。

例如，当 NaCl 和 KNO_3 的混合物中 KNO_3 的多而 NaCl 少时，即可采用此法，先分离出 KNO_3 的再分离出 NaCl。

2. 蒸发结晶法

蒸发溶剂，使溶液由不饱和变为饱和，继续蒸发，过剩的溶质就会呈晶体析出，叫蒸发结晶。例如，当 NaCl 和 KNO_3 的混合物中 NaCl 多而 KNO_3 的少时，即可采用此法，先分离出 NaCl，再分离出 KNO_3。

可以观察溶解度曲线，溶解度随温度升高而升高得很明显时，这个溶质叫陡升型溶质，反之叫缓升型溶质。

当陡升型溶液中混有缓升型溶质时，若要分离出陡升型溶质，可以用降温结晶的方法分离，若要分离出缓升型的溶质，可以用蒸发结晶的方法。

如硝酸钾就属于陡升型溶质，氯化钠属于缓升型溶质，所以可以用蒸发结晶来分离出氯化钠，也可以用降温结晶分离出硝酸钾。

3. 重结晶法

将晶体溶于溶剂或熔融以后，又重新从溶液或熔体中结晶的过程。又称再结晶。重结晶可以使不纯净的物质获得纯化，或使混合在一起的盐类彼此分离。重结晶的效果与溶剂选择大有关系，最好选择对主要化合物是可溶性的，对杂质是微溶或不溶的溶剂，滤去杂质后，将溶液浓缩、冷却，即得纯制的物质。混合在一起的两种盐类，如果它们在一种溶剂中的溶解度随温度的变化差别很大，例如硝酸钾和氯化钠的混合物，硝酸钾的溶解度随温度上升而急剧增加，而温度升高对氯化钠溶解度影响很小。则可在较高温度下将混合物溶液蒸发、浓缩，首先析出的是氯化钠晶体，除去氯化钠以后的母液在浓缩和冷却后，可得纯硝酸钾。重结晶往往需要进行多次，才能获得较好的纯化效果。

4. 升华结晶法

应用物质升华再结晶的原理制备单晶的方法。物质通过热的作用，在熔点以下由固态不经过液态直接转变为气态，而后在一定温度条件下重新再结晶，称升华再结晶。

第七章 试样的分离与提纯

第一节 固体试样的分离与提纯

一、过滤

过滤是把不溶于液体的固体物质跟液体相分离的一种方法。实验室过滤主要有普通过滤、热过滤、减压过滤。过滤方式多种多样,实验室常用（滤纸）做过滤层,在实际生产生活中还可以用（活性炭）（细沙）做过滤层。除此之外,实验室分离混合物,还有结晶、重结晶、蒸馏和萃取等。

恒压过滤是在恒定压力下,使悬浮液中的液体通过介质（成为滤液）,而固体粒子被介质截留,形成滤饼,从而达到固-液分离目的的操作。过滤速率由过滤介质两侧的压差及过滤阻力决定。因为过滤过程滤渣厚度不断增加,过滤阻力亦不断增大,故恒压过滤速率随过滤时间而降低。

二、重结晶

重结晶利用混合物中各组分在某种溶剂中溶解度不同或在同一溶剂中不同温度时的溶解度不同而使它们相互分离,又重新从溶液中结晶的过程。重结晶可以使不纯净的物质获得纯化,或使混合在一起的盐类彼此分离。重结晶是分离提纯纯固体化合物的一种重要的、常用的分离方法之一。

固体有机物在溶剂中的溶解度随温度的变化易改变,通常温度升高,溶解度增大;反之,则溶解度降低。对于前一种常见的情况,加热使溶质溶解于溶剂中,当温度降低,其溶解度下降,溶液变成过饱和,从而析出结晶。由于被提纯化合物及杂质的溶解度的不同,可以分离纯化所需物质。重结晶适用于产品与杂质性质差别较大、产品中杂质含量小于5%的固体有机混合物的提纯。

三、洗涤、干燥和灼烧

1. 晶体或残渣洗涤的目的
   ① 除去杂质:除去晶体表面的可溶性杂质。

② 提高产率：洗涤过滤所得到的残渣，把有用的物质，如目标产物尽可能洗出来。

③ 防止污染环境：如果滤渣表面有一些对环境有害的物质，如重金属离子或 CN^- 等，为了防止污染环境，往往对残渣进行洗涤。

2. 常用的洗涤剂

① 蒸馏水；

② 冷水；

③ 有机溶剂，如酒精、丙酮等；

④ 该物质的饱和溶液。

最常用的洗涤剂是蒸馏水，如果用其他的洗涤剂，必有其"独特"之处。用冰水可适当降低晶体因为溶解而造成损失。用物质本身的饱和溶液洗涤可以使因溶解造成的损失降到最低。

3. 酒精等有机溶剂洗涤

① 可以降低晶体因溶解而造成损失；

② 可以除去表面的可溶性杂质和水分；

③ 酒精易挥发，晶体易干燥。热蒸馏水洗涤是由于某些特殊的物质其溶解度随温度升高而下降。

4. 重结晶常见干燥方法

（1）晾干

将待干燥的固体放在表面皿上或培养皿中，尽量平铺成一薄层、再用滤纸或培养皿覆盖上，以免灰尘沾污，然后在室温下放置直到干燥为止，这对于低沸点溶剂的除去是既经济又方便的方法。

（2）红外灯干燥

固体中如含有不易挥发的溶剂时，为了加速干燥，常用红外灯干燥。干燥的温度应低于晶体的熔点，干燥时旁边可放一支温度计，以便控制温度。要随时翻动固体，防止结块。但对于常压下易升华或热稳定性差的结晶不能用红外灯干燥。红外灯可用可调变压器来调节温度，使用时温度不要调得过高，严防水滴溅在灯泡上而发生炸裂。

（3）烘箱烘干

实验室内常用带有自动温度控制系统的电热鼓风干燥箱，其使用温度一般为 50~300℃，通常使用温度应控制在 100~200℃ 的范围内。烘箱用来干燥无腐蚀、无挥发性、加热不分解的物品。切忌将挥发、易燃、易爆物放在烘箱内烘烤，以免发生危险。

（4）干燥器干燥

普通干燥器一般适用于保存易潮解或升华的样品。但干燥效率不高，所费时间较长。干燥剂通常放在多孔瓷板下面，待干燥的样品用表面皿或培养皿装盛，置于瓷板上面，所用干燥剂由被除去溶剂的性质而定。

第二节　液体试样的分离与提纯

一、萃取

利用某溶质在互不相容的溶剂中的溶解度不同，用一种溶剂把溶质从它与另一种溶剂组成的溶液中提取出来，在利用分液的原理和方法将它们分离出来。

二、蒸馏

蒸馏是分离和提纯有机化合物最常用的一种方法。将液体加热至沸腾变为蒸气，然后使蒸气冷却再凝结为液体的过程为蒸馏。纯物质在一定大气压下有一定的沸点，不纯的液态物质沸点不恒定，因此可用蒸馏测定物质的沸点和定性地检验物质的纯度。蒸馏使用于沸点范围为 30~300℃，且在蒸馏过程中化学性能稳定的液体有机试剂。

三、分馏

分馏是分离几种不同沸点的混合物的一种方法，分馏过程中没有新物质生成，只是将原来的物质分离，属于物理变化。分馏是对某一混合物进行加热，针对混合物中各成分的不同沸点进行冷却分离成相对纯净的单一物质过程。

分馏实际上是多次蒸馏，是分离提纯液体有机混合物的沸点相差较小的组分的一种重要方法。当物质的沸点十分接近时，约相差 25℃，则无法使用简单蒸馏法，可改用分馏法。分馏柱的小柱可提供一个较大表面积与蒸气使其凝结，并使凝结的液体回流至圆底烧瓶中以进一步分馏。

第八章 定量分析

第一节 容量仪器的校正

滴定管、移液管和容量瓶是滴定分析法所用的主要容量仪器。容量仪器的容积与其所标出的体积并非完全相符合。因此，在准确度要求较高的分析工作中，必须对容量仪器进行校准。

由于玻璃具有热胀冷缩的特性，在不同温度下容量仪器的容积也有所不同。因此，校准玻璃容量仪器时，必须规定一个共同的温度值。这一规定温度值称为标准温度。国际上规定玻璃容量仪器的标准温度为20℃，即在校准时都将玻璃容量仪器校准到20℃时的实际容积。容量仪器常采用两种校准方法。

一、相对校准

有时，只要求两种容器体积之间有一定的比例关系时，而不需要知道它们各自的准确体积，这时可用容量相对校准法。经常配套使用的移液管和容量瓶，采用相对校准法更为重要。例如，用25mL移液管取蒸馏水于干净且倒立晾干的100mL容量瓶中，到第4次重复操作后，观察瓶颈处水的弯月面下缘是否刚好与刻线上缘相切，若不相切，应重新作一记号为标线，以后此移液管和容量瓶配套使用时就用标准的标线。

二、绝对校准

绝对标准是测定容量仪器的实际体积。常用的标准方法为衡量法，又叫称量法。即用天平称得容量仪器容纳或放出纯水的质量，然后根据水的密度，计算出该容量仪器在标准温度20℃时的实际容积。由质量换算成容积时，需考虑三方面的影响：

① 水的密度随温度的变化；
② 温度对玻璃器皿容积胀缩的影响；
③ 在空气中称量时空气浮力的影响。

为了方便计算，将上述三种因素综合考虑，得到一个总校准值。经总校准后的纯水密度列于表8-1。

表 8-1 不同温度下纯水的密度值

（空气密度为 $0.0012g/cm^3$，钠钙玻璃体膨胀系数为 $2.6×10^{-5}℃^{-1}$）

温度/℃	密度/(g/mL)	温度/℃	密度/(g/mL)
10	0.9984	21	0.9970
11	0.9983	22	0.9968
12	0.9982	23	0.9966
13	0.9981	24	0.9964
14	0.9980	25	0.9961
15	0.9979	26	0.9959
16	0.9978	27	0.9956
17	0.9976	28	0.9954
18	0.9975	29	0.9951
19	0.9973	30	0.9948
20	0.9972		

实际应用时，只要称出被校准的容量仪器容纳或放出纯水的质量，再除以该温度时纯水的密度值，便是该容量仪器在20℃时的实际容积。例如，在18℃，某一50mL容量瓶容纳纯水质量为49.87g，计算出该容量瓶在20℃时的实际容积。

解：查表得18℃时水的密度为0.9975g/mL，所以20℃时容量瓶的实际容积 V_{20} 为：

$$V_{20}=\frac{49.87}{0.9975}=49.99\ (mL)$$

溶液体积对温度的校正：容量仪器是以20℃为标准来校准的，使用时则不一定在20℃。因此，容量仪器的容积以及溶液的体积都会发生改变。由于玻璃的膨胀系数很小，在温度相差不太大时，容量仪器的容积改变可以忽略。溶液的体积与密度有关，因此，可以通过溶液密度来校准温度对溶液体积的影响。稀溶液的密度一般可用相应水的密度来代替。

例如：在10℃时滴定用去25.00mL 0.1mol/L标准溶液，问20℃时其体积应为多少？

解：0.1mol/L稀溶液的密度可用纯水密度代替，查表得，水在10℃时密度为0.9984g/mL，20℃时密度为0.9972g/mL。故20℃时溶液的体积为：

$$V_{20}=25.00×\frac{0.9984}{0.9972}=25.03\ (mL)$$

需要特别指出的是：校准不当或使用不当是产生容积误差的主要原因，其误差甚至可能超过允许或量器本身的误差。因而在校准时务必正确、仔细地进行操作，尽量减小校准误差。凡是使用校准值的，其允许次数不应少于两次，且两次校准数据的偏差应不超过该量器允许的1/4，并取其平均值作为校准值。

第二节 滴定管的使用

滴定管是可以放出不固定体积液体的量出式玻璃仪器，主要用于滴定时准确测量滴定剂的体积。它的主要部分管身是由内径均匀并具有精确刻度的玻璃管制成的，下端连接一个尖嘴玻璃管，中间连接控制滴定速度的玻璃旋塞或含有玻璃珠的乳胶管。

一、滴定管的选择

应根据滴定中消耗滴定剂大概的体积及滴定剂的性质来选择滴定管。滴定管容积有

100mL、50mL、25mL、10mL、1mL等多种，最小刻度为0.1mL，读数时精确到0.01mL。最常用的是常量分析使用的50mL、25mL标准的滴定管。根据盛放溶液的性质不同，滴定管可分为两种。一种是下端带有玻璃活塞的酸式滴定管，用于<u>盛放酸性溶液、氧化性溶液和盐类稀溶液</u>，不能盛放碱性溶液，因玻璃活塞会被碱性溶液腐蚀，见图8-1（a）。另一种为碱式滴定管，管的下端连接一段乳胶管，乳胶管内放一粒玻璃珠来控制溶液滴定的速度，用于<u>盛放碱性溶液</u>，但不能盛放与乳胶管发生反应的氧化性溶液如 $KMnO_4$、I_2 等溶液，见图8-1（b）。另外，利用聚四氟乙烯材料做成滴定管下端的活塞和（W酸式滴定管；碱式滴定管）；活塞套，代替酸管的玻璃活塞或碱管的乳胶材料，这种滴定管不受溶液酸碱性的限制，<u>可以盛放各种溶液</u>，如酸、碱、氧化性、还原性溶液等，见图8-1（c）。

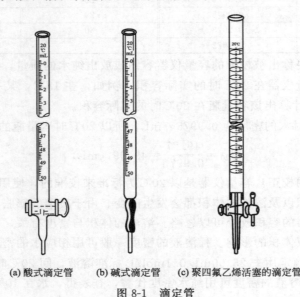

(a) 酸式滴定管　　(b) 碱式滴定管　　(c) 聚四氟乙烯活塞的滴定管

图 8-1　滴定管

二、滴定管的准备

1. 酸式滴定管的准备

（1）外观和密合性的检查

在使用之前，应先检查外观和密合性。将旋塞呈关闭状态，管内充水至最高标线，垂直挂在滴定台上，20min后漏水不应超过1个分度，可用吸水纸检查是否漏水。如密合性好，进行洗涤。

（2）酸式滴定管的洗涤

根据滴定管受沾污的程度，可采用下列几种方法进行清洗。

① 用自来水冲洗。外壁可以用洗衣粉或去污粉刷洗，管内不太脏的可以直接用自来水冲洗。洗净的滴定管，管内壁应呈均匀水膜，不挂水珠。如果没有达到洗净标准，则需用铬酸洗液清洗。

② 铬酸洗液洗涤。洗涤时将滴定管内的水分尽量除去，关闭活塞。将铬酸洗液装如酸式滴定管近满，浸泡10min左右，打开活塞将洗液放回原瓶。或者装入10～15mL洗液于酸管中，用两手横持酸管，边转动边向管口倾斜，直到洗液布满全管内壁。在放平过程中，

酸管上口对准洗液瓶口，防止洗液洒到外面。然后将洗液从出口放回原瓶，再用自来水清洗，最后用纯水淋洗三次，每次用纯水约 10mL。

（3）玻璃活塞涂油

如果滴定管活塞密合性不好或转动不灵活，则需将活塞涂凡士林（涂油）。

将滴定管中的水倒净后，平放在实验台上，取下橡皮圈，取出活塞。用滤纸片将活塞和活塞套表面的水及油污擦干净。用食指蘸上油脂，均匀地涂在除活塞孔一圈外，即在活塞两端涂上薄薄一层油脂（见图 8-2）。油脂要适量，油涂得太多，活塞孔会被堵住；涂得太少，达不到转动灵活和密合的目的。涂好油后将活塞直接插入仍平放的滴定管的活塞套中。插好后，沿同一方向旋转几次，此时活塞部位应透明，否则说明未擦干净或凡士林涂的不合适，应重新处理。最后套上橡皮圈。

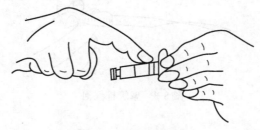

图 8-2　活塞涂油操作

涂油后，用水充满滴定管，放在滴定管架上直立静置 10min，如无漏水，再将活塞旋转 180°试一次。如漏水，则应重新处理。

如果活塞孔或滴定管尖被油脂堵塞，可以将管尖插入热水中温热片刻，使油脂熔化，打开活塞，使管内的水急流而下，冲掉软化油脂。或者将滴定管活塞打开，用洗耳球在滴定管上口挤压，将油脂排除。

2. 碱式滴定管的准备

使用前检查乳胶管是否老化变质、玻璃珠大小是否合适。玻璃珠过大，放液吃力，操作不便，过小则会漏液或溶液操作时上下滑动。如不合要求，应及时更换。

洗涤方法与酸管相同。如果需要铬酸洗液，将玻璃珠向上推至与管身下端相触（防止洗液接触乳胶管），然后将铬酸洗液装入滴定管近满，浸泡 10min 左右，将洗液倒回原瓶，再依次用自来水和纯水洗净。尖嘴部分如需用铬酸洗，可将其放入一个装有稀液的小烧杯中浸泡，再依次用自来水和纯水洗净。

三、滴定剂的装入

溶液装入滴定管前将其摇匀，使凝结在瓶内壁上的水珠混入溶液。溶液应直接装入滴定管中，不得用其他容器（如漏斗、烧杯、滴管等）来转移。装入溶液时，左手持滴定管上部无刻度处，并稍微倾斜，右手拿住试剂瓶向滴定管倒入溶液。

1. 润洗

为避免装入后溶液被稀释，应先用标准溶液润洗滴定管内壁三次。每次约 10mL 溶液，两手持管，边转动边将管身放平，使溶液洗遍全部内壁，然后从管尖端放出溶液。润洗后，装入溶液至"0"刻度以上。

2. 排气泡

装好溶液的滴定管，应排除管下端的气泡。酸管有气泡时，右手拿管上部无刻度处，并将滴定管倾斜30°，左手迅速旋转活塞，使溶液急速流出的同时将气泡赶出。对于碱式滴定管，右手拿住管身下端，将滴定管倾斜60°，用左手食指和拇指握玻璃珠部位，胶管向上弯曲的同时捏挤胶管，使溶液急速流出的同时赶出气泡（图8-3），观察玻璃珠以下的管中气泡是否排尽。

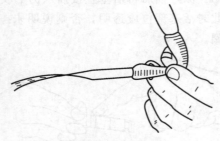

图 8-3　碱管排气泡

四、读数

装入溶液至滴定管零线以上几毫米，等待30s，即可调节初读数（或零点）。读数时需注意以下几点。

① 滴定管要垂直。将滴定管从滴定管架上取下，用右手大拇指和食指轻轻捏住滴定管上端无溶液处，其他手指从旁边辅助，使滴定管保持自然竖直，然后再读数。如果滴定管在滴定管架上很难保持竖直，一般不直接在滴定管架上读数。

② 由于水对玻璃的浸润作用，滴定管内的液面呈弯月形。无色和浅色溶液的弯月面比较清晰，读数时，应读弯月面下缘实线的最低点，即视线与弯月面下缘的最低点在同一水平（图8-4）。对于深色溶液，如 $KMnO_4$、I_2 溶液，其弯月面不够清晰，读数时，视线应与液面的上边缘在同一水平。

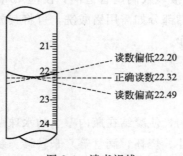

图 8-4　读书视线

③ 在装入溶液或放出溶液后，必须等1～2min，使附着在内壁的溶液流下后方可读数。如果放出溶液的速度很慢，只需等0.5～1min即可读数，每次读数时，应检查管口尖嘴处有无悬挂液滴，管尖部分有无气泡。

④ 每次读数都应准确到 0.01mL。

⑤ 对于乳白底蓝条线衬背的"蓝带"滴定管，滴定管中液面呈现三角交叉点，应读取交叉点与刻度相交之点的读数。

五、滴定管的操作

使用滴定管时，应将滴定管垂直地夹在滴定管夹上。

1. 酸式滴定管的操作

使用酸式滴定管时，左手握滴定管活塞部分，无名指和小指向手心弯曲，位于管的左侧，轻轻贴着出口的尖端，用其他三指控制活塞的转动，如图 8-5 所示。左手手心内凹，不能接触活塞的小头处，且拇指、食指和中指应稍稍向手心方向用力，以防推出活塞而漏液。

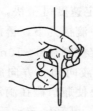

图 8-5　酸管操作

2. 碱式滴定管的操作

使用碱式滴定管时，用左手大拇指和食指捏住玻璃珠右侧的乳胶管，向右边挤推，使溶液从玻璃珠旁边的空隙流出，如图 8-6 所示。其他手指辅助夹住胶管下玻璃小管。注意：推乳胶管不是捏玻璃珠，不要使玻璃珠上下移动，也不能捏玻璃珠下的胶管，以免空气进入形成气泡，影响读数。

图 8-6　碱管操作

3. 滴定操作

滴定操作可在锥形瓶或烧杯内进行。用锥形瓶时，右手的拇指、食指和中指拿住瓶颈，其余两指辅助在下侧。当锥形瓶放在台上时，滴定管高度以其下端插入瓶内 1cm 为宜。左手握滴定管活塞部分，边滴加溶液，边用右手摇动锥形瓶，见图 8-7。

进行滴定操作时，应注意以下几点。

图 8-7　两手操作姿势

① 每次滴定时都从接近 "0" 的附近任意刻度开始，这样可以减少体积误差。

② 滴定时左手不要离开活塞，避免溶液自流。视线应观察液滴落点周围溶液颜色的变化。

③ 滴定速度的控制。开始时，滴定速度可稍快，呈 "见滴成线"，约 10mL/min，接近终点时，应改为一滴一滴加入，即加一滴摇几下，再加再摇。最后每加半滴摇几下，直至溶液出现明显的颜色变化为止。每次滴定控制在 6~10min 完成。

④ 摇瓶时，应微动腕关节，使溶液向同一方向旋转，使溶液出现旋涡。不要往前后、上下、左右振动，以免溶液溅出。不要使瓶口碰在滴定管口上，以免损坏。

⑤ 掌握加入半滴的方法用酸管时，可轻轻转动活塞，使溶液悬挂在出口管嘴形成半滴后，马上关闭滴定管。用锥形瓶内壁将其沾落，再用洗瓶以少量水吹洗锥形瓶内壁沾落溶液处。但是如果冲洗次数太多，用水量太大，使溶液过分稀释，可能导致终点时变色不敏锐，因此最好用涮壁法，即将锥形瓶倾斜，使半滴溶液尽量靠在锥形瓶较低处，然后用瓶中的溶液将附于壁上的半滴溶液涮入瓶中。用碱管时，用食指和拇指推挤出溶液悬挂在管尖后，松开手指，再将液滴沾落，否则易有气泡进入管尖。

在烧杯中滴定时，将烧杯放在滴定台上，调节滴定管使其下端深入烧杯内约 1cm，且位于烧杯的左后方处。左手滴加溶液，右手持玻璃棒搅拌溶液，如图 8-8 所示，搅拌时玻璃棒不要碰到烧杯壁和底部，整个滴定过程中，搅拌棒不能离开烧杯。

图 8-8　在烧杯中的滴定操作

滴定通常在锥形瓶中进行，而溴酸钾法、碘量法等需要在碘量瓶中进行反应和滴定。碘量瓶是带有磨口玻璃塞和水槽的锥形瓶，喇叭形瓶口与瓶塞柄之间形成一圈水槽，槽中加纯净水可以形成水封，防止瓶中溶液反应生成的 Br_2、I_2 等逸失。反应一定时间后，打开瓶塞，水即流下并可冲洗瓶塞和瓶壁，接着进行滴定。

⑥ 滴定结束后滴定管的处理

滴定剂不应长时间放在滴定管中,滴定结束,滴定管内的溶液应弃去,不要倒回原瓶,以免沾污标准溶液。用水洗净滴定管,用纯水充满全管,挂在滴定台上。

酸式滴定管长期不用时,应将活塞部分垫上纸片,防止活塞打不开。碱式滴定管长期不用时应将胶管拔下。

第九章 化学实验数据的记录与处理

第一节 实验数据的记录

一、实验数据的记录要求

实验过程中的各种测量数据及有关现象,应及时、准确而清楚地记录下来,记录实验数据时,要有严谨的科学态度,要实事求是,切忌夹杂主观因素,决不能随意拼凑和伪造数据。

实验中的每一个数据,都是测量结果,所以,重复测量时,即使数据完全相同,也应记录下来。

确保记录包括足够的信息,以便识别不确定度的影响因素,并能保证该检测在尽可能接近原检测条件的情况下能够复现。

确保在工作时及时记录观察结果、数据和计算结果,并能按照特定任务分类识别。记录时应包括抽样、检测和校核人员的标识。

记录出现错误时,每一错误应划改,将正确值填写在旁边。对记录的所有改动应有改动人的签名(签名章)或签名缩写。对电子存储的记录也应采取同等措施,避免原始数据丢失或改动。

检测记录要有一定格式,应包含足够的信息以保证其能够再现。

原始记录中应包括:样品名称、样品编号、检测项目、依据标准、检测日期、环境条件、样品状态、测试条件、所用仪器、计算公式、公式说明及实测数值、备注、分析人、复核人。

公式中涉及的量都应记录。根据记录上的数据,通过记录上的公式可以计算出最终检测结果。

原始数据必须真实填写,不得转抄。字迹端正、清楚,数据处理准确。

原始记录建立档案保存,保存期至少3年。

二、实验数据的记录处理

在记录测量所得数值时,要如实地反映测量的准确度,只保留一位可疑数字。用

0.1mg 精度的分析天平称量时,要记到小数点后第四位,即 0.0001g,如 0.3600g、1.4571g;如果用 0.1g 精度的电子天平(或托盘天平)称量,则应记到小数点后一位,如 0.2g、2.7g、10.6g 等。

用玻璃量器量取溶液时,准确度视量器不同而异。5mL 以上滴定管应记到小数点后两位,即 ±0.01mL;5mL 以下的滴定管则应记到小数点后第三位,即 0.001mL。例如,从滴定管读取的体积为 24mL 时,应记为 24.00mL,不能记为 24mL 或 24.0mL。50mL 以下的无分度移液管应记到小数点后两位,如 50.00mL、25.00mL、5.00mL 等。有分度的移液管,只有 25mL 以下的才能记到小数点后两位。10mL 以上的容量瓶总体积可记到四位有效数字,如常用的 25.00mL、100.0mL、250.0mL。50mL 以上的量筒只能记到个位数;5mL、10mL 量筒则应记到小数点后一位。

正确记录测量所得数值,不仅反映实际测量的准确度,也反映测量时所耗费的时间和精力。例如,称量某物质的质量为 0.2000g,表明是用分析天平称取的。该物质的实际质量应为 (0.2000±0.0001)g,相对误差 0.0001/0.2000 = ±0.05%;如果记作 0.2g,则相对误差为 0.1/0.2 = ±50%,准确度差了 1000 倍。如果只要一位有效数字,用托盘天平就可称量,不必费时费事地用分析天平称取。

由此可见,记录测量数据时,切记不要随意舍去小数点后的 "0",当然也不允许随意增加位数。

第二节 测量中的误差与有效数字

一、误差的来源

根据误差性质的不同可以分为系统误差、随机误差和过失误差。

1. 系统误差

系统误差是由某些固定的原因造成的,使测量结果总是偏高或偏低。例如实验方法不够完善、仪器不够精确、试剂不够纯以及测量者个人的习惯、仪器使用的理想环境达不到要求等等因素。

(1) 系统误差的特征

① 单向性 即误差的符号及大小恒定或按一定规律变化;

② 系统性 即在相同条件下重复测量时,误差会重复出现,因此一般系统误差可进行校正或设法予以消除。

(2) 常见的系统误差

① 仪器误差 所有的测量仪器都可能产生系统误差。例如,移液管、滴定管、容量瓶等玻璃仪器的实际容积和标称容积不符;试剂不纯或天平失于校准(如不等臂性和灵敏度欠佳);磨损或腐蚀的砝码等都会造成系统误差。在电学仪器中,如电池电压下降,接触不良造成电路电阻增加,温度对电阻和标准电池的影响等也是造成系统误差的原因。

② 方法误差 这是由于测试方法不完善造成的。其中有化学和物理化学方面的原因,常常难以发现。因此,这是一种影响最为严重的系统误差。例如,在分析化学中,某些反应速率很慢或未定量地完成,干扰离子的影响,沉淀溶解、共沉淀和后沉淀,灼烧时沉淀的分

解和称量形式的吸湿性等,都会系统地导致测定结果偏高或偏低。

③ 个人误差　是一种由操作者本身的一些主观因素造成的误差。例如,在读取仪器刻度值时,有的偏高,有的偏低,在鉴定分析中辨别滴定终点颜色时有的偏深,有的偏浅,操作计时器时有的偏快,有的偏慢。在做出这类判断时,常常容易造成单向的系统误差。

2. 随机误差

随机误差又称偶然误差。它指同一操作者在同一条件下对同一量进行多次测定,而结果不尽相同,以一种不可预测的方式变化着的误差。它是由一些随机的偶然误差造成的,产生的直接原因往往难于发现和控制。随机误差有时正、有时负,数值有时大、有时小,因此又称不定误差。在各种测量中,随机误差总是不可避免地存在,并且不可能加以消除,它构成了测量的最终限制。常见的随机误差如下。

① 用内插法估计仪器最小分度以下的读数难以完全相同;
② 在测量过程中环境条件的改变,如压力、温度的变化,机械振动,磁场的干扰等;
③ 仪器中的某些活动部件,如温度计、压力计中的水银,电流表、电子仪器中的指针和游丝等在重复测量中出现的微小变化;
④ 操作人员对各份试样处理时的微小差别等。

随机误差对测定结果的影响,通常服从统计规律。因此,可以采用在相同条件下多次测定同一量,再求其算术平均值的方法来克服。

3. 过失误差

由于操作者的疏忽大意,没有完全按照操作规程实验等原因造成的误差称为过失误差,这种误差使测量结果与事实明显不合,有大的偏离且无规律可循。含有过失误差的测量值,不能作为一次实验值引入平均值的计算。这种过失误差,需要加强责任心,仔细工作来避免。判断是否发生过失误差必须慎重,应有充分的依据,最好重复这个实验来检查,如果经过细致实验后仍然出现这个数据,要根据已有的科学知识判断是否有新的问题,或者有新的发展。这在实践中是常有的事。

4. 准确度和精密度的比较

准确度和精密度是两个完全不同的概念,它们既有区别,又有联系。图 9-1 表示准确度与精密度的关系。从图中可见,没有精密度的准确度让人难以相信[图 9-1(丁)]。而精密度好并不意味着准确度高(乙)。一系列测量的算术平均值通常并不能代表所要测量的真实值,两者可能有相当大的差异。总之,准确度表示测量的正确性,而精密度则表示测量的重现性。可以认为,图 9-1 中甲的系统误差和随机误差都较小,是一组较好的测量数据;乙虽有较好的精密度,只能说明随机误差较小,但存在较大的系统误差;丙的精密度和准确度都很差,可见存在很大的随机误差和系统误差。

二、有效数字及其有关规则

在化学实验中,不仅要准确测定物理量,而且应正确地记录所测定的数据并进行运算。测定结果不仅能表示其数值的大小,而且还反映了测定的精密度和准确度。

例如,某试样用托盘天平称量 1g 与用分析天平称量 1g 是不相同的。托盘天平只能称准

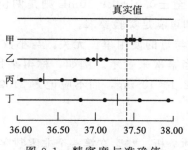

图 9-1　精密度与准确值

至 ±0.1g，而分析天平可以称准至 ±0.0001g，二者准确度不同。记录称量数据时，前者应记为 1.0g，而后者应记为 1.0000g，后者较前者准确 1000 倍。同理，在数据运算过程中也有类似的问题。因此，在记录实验数据和计算结果时应特别注意有效数字的问题。

1. 有效数字

在不表示测量准确度的情况下，表示某一测量值所需要的最小位数的数目字即称为有效数字。换句话说，有效数字就是实验中实际能够测出的数字，其中包括若干个准确的数字和一个（只能是最后一个）不准确的数字。

有效数字的位数决定于测量仪器的精确程度。例如用最小刻度为 1mL 的量筒测量溶液的体积为 10.5mL，其中 10 是准确的，0.5 是估计的，有效数字是 3 位。如果要用精度为 0.1mL 的滴定管来量度同一液体，读数可能是 10.52mL，其有效数字为 4 位，小数点后第二位 0.02 才是估计值。

有效数字的位数还反映了测量的误差，若某铜片在分析天平上称量得 0.5000g，表示该铜片的实际质量在 (0.5000±0.0001)g 范围内，测量的相对误差为 0.02%，若记为 0.500g，则表示该铜片的实际质量在 (0.500±0.001)g 范围内，测量的相对误差为 0.2%。准确度比前者低了一个数量级。

明确有效数字的位数十分重要。为了正确判别和写出测量数值的有效数字，必须注意以下几点。

①记录测定数据和运算结果时，只保留一位不确定数字，既不允许增加位数，也不应减少位数。有效数字的位数与所用测量仪器和方法的精密度一致。例如，化学实验中称量质量和测量体积，获得如下数字，其意义是有所不同的。

1.0000g 是五位有效数字，这不仅表明试样的质量为 1.0000g，还表示称量误差在 ±0.0001g 以内，是用精密分析天平称量的；如将其质量记录成 1.00g，则表示该试样是用台秤或精度为 0.01g 的电子天平称量的，其误差范围为 ±0.01g。例如，用分析天平称量一个烧杯的质量为 15.0637g，可理解为该烧杯的真实质量为 (15.0637±0.0001)g，即 15.0636～15.0638，因为分析天平能称准至 ±0.0001g。

例如，10.00mL 是四位有效数字，是用滴定管或吸量管量取的，刻度精确至 0.1mL，估计至 ±0.01mL。当用 25mL 移液管移取溶液时，应记录为 25.00mL。用 5mL 吸量管时，应记录为 5.00mL。当用 250mL 容量瓶配制溶液时，所配的溶液体积应记作 250.0mL。用 50mL 容量瓶时，则应记为 50.00mL，这是根据容量瓶质量的国家标准所允许容量误差决定的。

不同大小的量筒刻度精度不同，例如，10.0mL，是三位有效数字，一般是用 10mL 小量筒取的,刻度至 1mL,估计至 ±0.01mL;10mL 则是两位有效数字,是用大量筒取的,说明量取准确度至 ±0.01mL 即可满足实验要求。

② 数值的有效数字的位数与量的使用单位无关,与小数点的位置无关。其单位之间的换算的倍数通常以乘 10 的相当幂次来表示。例如,称得某物的质量为 2.1g,两位有效数字;若以 mg 为单位,应记为 2.1×10^3 mg,而不应记为 2100mg;若以 kg 为单位,可记为 0.0012kg 或 2.1×10^{-3} kg。

③ 非零数字都是有效数字。

④ 数据中的"0"要作具体分析。"0"在第一个非零数字前面不作有效数字,"0"在非零数字的中间或末端都是有效数字。例如,0.1041 与 0.01041 有效数字都是 4 位,而 0.10410 则表示有 5 位有效数字。

⑤ pH、lgK 等,其有效数字的位数仅取决于小数部分的位数,其整数部分只说明原数值的方次,起定位作用,不是有效数字。例如,pH=7.68,则 $[H^+]=2.1\times10^{-8}$ mol/L,只有两位有效数字。

⑥ 简单的整数、分数、倍数以及常用 π、e 等属于准确数或自然数,其有效数字可以认为是无限制的,在计算中需要几位就取几位,因为对数学上的纯数不考虑有效数字的概念。

2. 有效数字的运算规则

在实验过程中,一般都要经过几个测定步骤获得多个测量数据,然后根据这些测量数据经过一定的运算步骤才能获得最终的结果。由于各个数据的准确度不一定相同,因此运算时必须按照有效数字的运算规则进行,合理地取舍各数据的有效数字的位数,既可以节省时间,又可以保证得到合理的结果。

(1) 有效数字的修约规则

采用"四舍六入五留双"的规则对测量数据的有效数字进行修约。即在拟舍弃的数字中,若左边第一个数字≤4 时则舍去;若左边第一个数字>6 时则进 1;若左边第一个数字等于 5 时,其后的数字不全为零,则进 1;若左边第一个数值等于 5,其后的数字全为零,保留下来的末位数字为奇数时,则进 1,为偶数(包括 0)时则不进位。例如,将下列数值修约成三位有效数字,其结果分别为:

10.345 修约为 10.3 (尾数=4)

10.3625 修约为 10.4 (尾数=6)

10.3500 修约为 10.4 (尾数=5,前面为奇数)

10.2500 修约为 10.2 (尾数=5,前面为偶数)

10.0500 修约为 10.0 (尾数=5,0 视为偶数)

10.0501 修约为 10.1 (尾数 5 后面并非全部为 0)

若被舍弃的数字包括几位数字时,不得对该数进行连续修约,而应根据以上法则仅作一次性修约处理。

(2) 有效数字的加减运算法

在加减法运算中,应以参加运算的各数据中绝对误差最大(小数点后位数最少)的数据为标准确定有效数字的位数。例如,将 0.0201、0.00571、1.03 三个数相加,根据上述法则,上述三个数的末位均是可疑数字,它们的绝对误差分别为 ±0.0001、±0.000011、±0.01,其中 1.03 的绝对误差最大(小数点后位数最少)。因此在运算中应以 1.03 为依据确定运算结果的有效数字位数。先将其它数字依舍弃法则取到小数点后两位,然后相加:

$$0.0201 + 0.00571 + 1.03 = 0.02 + 0.01 + 1.03 = 1.06。$$

(3) 乘除运算规则

在乘除运算中，保留有效数字的位数，应以相对误差最大（有效数字位数最少）的数为标准。例如：

$$0.0201 \times 15.63 \times 1.05681 = ?$$

上述三个数字的相对误差分别为：

$$\frac{\pm 0.0001}{0.0201} \times 100\% = \pm 0.5\%$$

$$\frac{\pm 0.01}{15.63} \times 100\% = \pm 0.06\%$$

$$\frac{\pm 0.00001}{1.05681} \times 100\% = \pm 0.0009\%$$

可见 0.0201 的相对误差最大，有效数字的位数最少，应以它为标准先进行修约，再计算。即：计算结果的准确度（相对误差）应与相对误差最大的数据保持在同一数量级（有效数字的位数相同），不能高于它的准确度。

附 录

附录 1　常用酸碱溶液的密度和浓度

溶液名称	密度 ρ/(g/cm^3)	质量分数/%	物质的量浓度 c/(mol/L)
浓硫酸	1.84	95～96	18
稀硫酸	1.18	25	3
稀硫酸	1.06	9	1
浓盐酸	1.19	38	12
稀盐酸	1.10	20	6
稀盐酸	1.03	7	2
浓硝酸	1.40	65	14
稀硝酸	1.20	32	6
稀硝酸	1.07	12	2
稀高氯酸	1.12	19	2
浓氢氟酸	1.13	40	23
氢溴酸	1.38	40	7
氢碘酸	1.70	57	7.5
冰醋酸	1.05	99～100	17.5
稀醋酸	1.04	35	6
稀醋酸	1.02	12	2
浓氢氧化钠	1.36	33	11
稀氢氧化钠	1.09	8	2
浓氨水	0.88	35	18
浓氨水	0.91	25	13.5
稀氨水	0.96	11	6
稀氨水	0.99	3.5	2

附录 2　常用基准物的干燥条件与应用

基准物质	干燥条件	标定对象
$AgNO_3$	280～290℃干燥至恒重	卤化物、硫氰酸盐
As_2O_3	室温干燥器中保存	I_2
$CaCO_3$	110～120℃保持2h,干燥器中冷却	EDTA
$KHC_8H_4O_4$（邻苯二甲酸氢钾）	110～120℃干燥至恒重,干燥器中冷却	NaOH、$HClO_4$
KIO_3	120～140℃保持2h,干燥器中冷却	$Na_2S_2O_3$
$K_2Cr_2O_7$	140～150℃保持3～4h,干燥器中冷却	$FeSO_4$、$Na_2S_2O_3$
NaCl	500～600℃保持50min,干燥器中冷却	$AgNO_3$
$Na_2B_4O_7 \cdot 10H_2O$	含NaCl-蔗糖饱和溶液的干燥器中保存	HCl、H_2SO_4

续表

基准物质	干燥条件	标定对象
Na_2CO_3	270～300℃保持50min,干燥器中冷却	HCl、H_2SO_4
$Na_2C_2O_4$(草酸钠)	130℃保持2h,干燥器中冷却	$KMnO_4$
Zn	室温干燥器中保存	EDTA
ZnO	900～1000℃保持50min,干燥器中冷却	EDTA

附录3 常用缓冲溶液的配制

缓冲溶液组成	pKa	缓冲液pH	缓冲溶液配制方法
氨基乙酸-HCl	2.35(pK_{a1})	2.3	氨基乙酸150g溶于500mL水中,加浓盐酸80mL,用水稀释至1L
H_3PO_4-枸橼酸盐		2.5	$Na_2HPO_4 \cdot 12H_2O$ 113g溶于200mL水后,加枸橼酸387g,溶解,过滤后,稀释至1L
一氯乙酸-NaOH	2.86	2.8	200g 一氯乙酸溶于200mL水中,加NaOH 40g溶解后,稀释至1L
邻苯二甲酸氢钾-HCl	2.95(pK_{a1})	2.9	500g 邻苯二甲酸氢钾溶于500mL水中,加浓盐酸80mL,稀释至1L
甲酸-NaOH	3.76	3.7	95g 甲酸和NaOH 40g于500mL水中,溶解,稀释至1L
NH_4Ac-HAc		4.5	NH_4Ac 77g溶于200mL水中,加冰醋酸59mL,稀释到1L
NaAc-HAc	4.74	4.7	无水NaAc 83g溶于水中,加冰醋酸60mL,稀释至1L
NaAc-HAc	4.74	5.0	无水NaAc 160g溶于水中,加冰醋酸60mL,稀释至1L
NH_4Ac-HAc		5.0	NH_4Ac 250g溶于200mL水中,加冰醋酸25mL,稀释至1L
六次甲基四胺-HCl	5.15	5.4	六次甲基四胺40g溶于200mL水中,加浓盐酸10mL,稀释至1L
NH_4Ac-HAc		6.0	NH_4Ac 600g溶于200mL水中,加冰醋酸20mL,稀释到1L
NaAc-H_3PO_4盐		8.0	无水NaAc 50g和$Na_2HPO_4 \cdot 12H_2O$ 50g,溶于水中,稀释至1L
NH_3-NH_4Cl	9.26	9.2	NH_4Cl 54g溶于水中,加浓氨水63mL,稀释到1L
NH_3-NH_4Cl	9.26	9.5	NH_4Cl 54g溶于水中,加浓氨水126mL,稀释至1L
NH_3-NH_4Cl	9.26	10.0	NH_4Cl 54g溶于水中,加浓氨水350mL,稀释至1L

附录4 常用的指示剂及其配制

(1) 酸碱滴定常用指示剂及其配制

指示剂名称	变色pH范围	颜色变化	溶液配制方法
甲基紫(第一变色范围)	0.13～0.5	黄色→绿色	0.1%或0.05%水溶液
甲基紫(第二变色范围)	1.0～1.5	绿色→蓝色	0.1%水溶液
甲基紫(第三变色范围)	2.0～3.0	蓝色→紫色	0.1%水溶液
百里酚蓝(麝香草酚蓝)(第一变色范围)	1.2～2.8	红色→黄色	0.1g指示剂溶于100mL 20%乙醇中
百里酚蓝(麝香草酚蓝)(第二变色范围)	8.0～9.0	黄色→蓝色	0.1g指示剂溶于100mL 20%乙醇中
甲基红	4.4～6.2	红色→黄色	0.1或0.2g指示剂溶于100mL 60%乙醇中
甲基橙	3.1～4.4	红色→橙黄色	0.1%水溶液
溴甲酚绿	3.8～5.4	黄色→蓝色	0.1g指示剂溶于100mL 20%乙醇中
溴百里酚蓝	6.0～7.6	黄色→蓝色	0.05g指示剂溶于100mL 20%乙醇中
酚酞	8.2～10.0	无色→紫红色	0.1g指示剂溶于100mL 60%乙醇中

续表

指示剂名称	变色pH范围	颜色变化	溶液配制方法
甲基红—溴甲酚绿	5.1	酒红色→绿色	3份0.1%溴甲酚绿乙醇溶液 2份0.2%甲基红乙醇溶液
中性红—次甲基蓝	7.0	紫蓝色→绿色	0.1%中性红、次甲基蓝乙醇溶液各1份
甲酚红—百里酚蓝	8.3	黄色→紫色	1份0.1%甲酚红水溶液 3份0.1%百里酚蓝水溶液

(2) 沉淀滴定常用指示剂及其配制

指示剂名称	被测离子和滴定条件	终点颜色变化	溶液配制方法
铬酸钾	Cl^-、Br^-中性或弱碱性	黄色→砖红色	5%水溶液
铁铵矾(硫酸铁铵)	Br^-、I^-、SCN^-酸性	无色→红色	8%水溶液
荧光黄	Cl^-、I^-、SCN^-、Br^-中性	黄绿色→玫瑰红色 黄绿色→橙色	0.1%乙醇溶液
曙红	Br^-、I^-、SCN^- pH1~2	橙色→深红色	0.1%乙醇溶液(或0.5%钠盐水溶液)

(3) 常用金属指示剂及其配制

指示剂名称	适用pH范围	直接滴定的离子	终点颜色变化	配制方法
铬黑T(EBT)	8~11	Mg^{2+}、Zn^{2+}、Cd^{2+}、Pb^{2+}等	酒红色→蓝色	0.1g铬黑T和10g氯化钠,研磨均匀
二甲酚橙(XO)	<6.3	Bi^{3+}、Zn^{2+}、Cd^{2+}、Pb^{2+}、Hg^{2+}及稀土等	紫红色→亮黄色	0.2%水溶液
钙指示剂	12~12.5	Ca^{2+}	酒红色→蓝色	0.05g钙指示剂和10g氯化钠,研磨均匀
吡啶偶氮萘酚(PAN)	1.9~12.2	Bi^{3+}、Cu^{2+}、Ni^{2+}、Th^{4+}等	紫红色→黄色	0.1%乙醇溶液

附录5 常用基准物质的干燥条件和应用范围

基准物质		干燥后组成	干燥条件/℃	标定对象
名称	化学式			
碳酸氢钠	$NaHCO_3$	Na_2CO_3	270~300	酸
碳酸钠	$Na_2CO_3 \cdot 10H_2O$	Na_2CO_3	270~300	酸
碳酸氢钾	$KHCO_3$	KCO_3	270~300	酸
草酸	$H_2C_2O_4 \cdot 2H_2O$	$H_2C_2O_4 \cdot 2H_2O$	室温空气干燥	碱或$KMnO_4$
邻苯二甲酸氢钾	$KHC_8H_4O_4$	$KHC_8H_4O_4$	110~120	碱
重铬酸钾	$K_2Cr_2O_7$	$K_2Cr_2O_7$	140~150	还原剂
溴酸钾	$KBrO_3$	$KBrO_3$	130	还原剂
碘酸钾	KIO_3	KIO_3	130	还原剂
铜	Cu	Cu	室温干燥器中保存	还原剂
三氧化二砷	As_2O_3	As_2O_3	室温干燥器中保存	氧化剂
草酸钠	$Na_2C_2O_4$	$Na_2C_2O_4$	130	氧化剂
碳酸钙	$CaCO_3$	$CaCO_3$	110	EDTA
锌	Zn	Zn	室温干燥器中保存	EDTA
氧化锌	ZnO	ZnO	900~1000	EDTA
氧化钾	NaCl	NaCl	500~600	$AgNO_3$
氢化钾	KCl	KCl	500~600	$AgNO_3$
硝酸银	$AgNO_3$	$AgNO_3$	180~290	氯化物

附录6 不同温度下标准滴定溶液的体积的补正值(GB/T 601—2002)

[1000mL 溶液由 t℃ 换为 20℃ 时的补正值/(mL/L)]

温度/℃	水和0.05mol/L以下的各种水溶液	0.1mol/L和0.2mol/L以下的各种水溶液	盐酸溶液 $c(HCl)=$ 0.5mol/L	盐酸溶液 $c(HCl)=$ 1mol/L	硫酸溶液 $c(1/2H_2SO_4)=$ 0.5mol/L,氢氧化钠溶液 $c(NaOH)=$ 0.5mol/L	硫酸溶液 $c(1/2H_2SO_4)=$ 1mol/L,氢氧化钠溶液 $c(NaOH)=$ 1mol/L	碳酸钠溶液 $c(1/2Na_2CO_3)=$ 1mol/L	氢氧化钾-乙醇溶液 $c(KOH)=$ 0.1mol/L
5	+1.38	+1.7	+1.9	+2.3	+2.4	+3.6	+3.3	
6	+1.38	+1.7	+1.9	+2.2	+2.3	+3.4	+3.2	
7	+1.36	+1.6	+1.8	+2.2	+2.2	+3.2	+3.0	
8	+1.33	+1.6	+1.8	+2.1	+2.2	+3.0	+2.8	
9	+1.29	+1.5	+1.7	+2.0	+2.1	+2.7	+2.6	
10	+1.23	+1.5	+16	+1.9	+2.0	+2.5	+2.4	+10.8
11	+1.17	+1.4	+1.5	+1.8	+1.8	+2.3	+2.2	+9.6
12	+1.10	+1.3	+1.4	+1.6	+1.7	+2.0	+2.0	+8.5
13	+0.99	+1.1	+1.2	+1.4	+1.5	+1.8	+1.8	+7.4
14	+0.88	+1.0	+1.1	+1.2	+1.3	+1.6	+1.5	+6.5
15	+0.77	+0.9	+0.9	+1.0	+1.1	+1.3	+1.3	+5.2
16	+0.64	+0.7	+0.8	+0.8	+0.9	+1.1	+1.1	+4.2
17	+0.50	+0.6	+0.6	+0.6	+0.7	+0.8	+0.8	+3.1
18	+0.34	+0.4	+0.4	+0.4	+0.5	+0.6	+0.6	+2.1
19	+0.18	+0.2	+0.2	+0.2	+0.2	+0.3	+0.3	+1.0
20	0.00	0.00	0.00	0.0	0.0	0.0	0.0	0.0
21	-0.18	-0.2	-0.2	-0.2	-0.2	-0.3	-0.3	-1.1
22	-0.38	-0.4	-0.4	-0.5	-0.5	-0.6	-0.6	-2.2
23	-0.58	-0.6	-0.7	-0.7	-0.8	-0.9	-0.9	-3.3
24	-0.80	-0.9	-0.9	-1.0	-1.0	-1.2	-1.2	-4.2
25	-1.03	-1.1	-1.1	-1.2	-1.3	-1.5	-1.5	-5.3
26	-1.26	-1.4	-1.4	-1.4	-1.5	-1.8	-1.8	-6.4
27	-1.51	-1.7	-1.7	-1.7	-1.8	-2.1	-2.1	-7.5
28	-1.76	-2.0	-2.0	-2.0	-2.1	-2.4	-2.4	-8.5
29	-2.01	-2.3	-2.3	-2.3	-2.4	-2.8	-2.8	-9.6
30	-2.30	-2.5	-2.5	-2.6	-2.8	-3.2	-3.1	-10.6
31	-2.58	-2.7	-2.7	-2.9	-3.1	-3.5		-11.6
32	-2.86	-3.0	-3.0	-3.2	-3.4	-3.9		-12.6
33	-3.04	-3.2	-3.3	-3.5	-3.7	-4.2		-13.7
34	-3.47	-3.7	-3.6	-3.8	-4.1	-4.6		-14.8
35	-3.78	-4.0	-4.0	-4.1	-4.4	-5.0		-16.0
36	-4.10	-4.3	-4.3	-4.4	-4.7	-5.3		-17.0

注:1. 本表数值是以20℃为标准温度以实测法测出。

2. 表中带有"+"、"-"号的数值是以20℃为分界。室温低于20℃的补正值为"+",高于20℃的补正值为"-"。

3. 本表的用法,如下:

如1L硫酸溶液 $[c(1/2H_2SO_4)=1mol/L]$ 由25℃换算为20℃时,其体积补正值为-1.5mL,故40.00mL换算为20℃时的体积为:

$$40.00 - \frac{1.5}{1000} \times 40.00 = 39.94 \text{ (mL)}$$

附录7 国际原子量表

[以原子量 Ar (^{12}C) =12 为标准]

原子序数	名称	元素符号	原子量	原子序数	名称	元素符号	原子量	原子序数	名称	元素符号	原子量
1	氢	H	1.0079	24	铬	Cr	51.9961	47	银	Ag	107.868
2	氦	He	4.002602	25	锰	Mn	54.9380	48	镉	Cd	112.41
3	锂	Li	6.941	26	铁	Fe	55.847	49	铟	In	114.82
4	铍	Be	9.01218	27	钴	Co	58.9332	50	锡	Sn	118.710
5	硼	B	10.811	28	镍	Ni	58.69	51	锑	Sb	121.75
6	碳	C	12.011	29	铜	Cu	63.546	52	碲	Te	127.60
7	氮	N	14.0067	30	锌	Zn	65.39	53	碘	I	126.9045
8	氧	O	15.9994	31	镓	Ga	69.723	54	氙	Xe	131.29
9	氟	F	18.99840	32	锗	Ge	72.59	55	铯	Cs	132.9054
10	氖	Ne	20.179	33	砷	As	74.9216	56	钡	Ba	137.33
11	钠	Na	22.98977	34	硒	Se	78.96	57	镧	La	138.9055
12	镁	Mg	24.305	35	溴	Br	79.904	58	铈	Ce	140.12
13	铝	Al	26.98154	36	氪	Kr	83.80	59	镨	Pr	140.9077
14	硅	Si	28.0855	37	铷	Rb	85.4678	60	钕	Nd	144.24
15	磷	P	30.97376	38	锶	Sr	87.62	61	钷	Pm	(145)
16	硫	S	32.066	39	钇	Y	88.9059	62	钐	Sm	150.36
17	氯	Cl	35.453	40	锆	Zr	91.224	63	铕	Eu	151.96
18	氩	Ar	39.948	41	铌	Nb	92.9064	64	钆	Gd	157.25
19	钾	K	39.0983	42	钼	Mo	95.94	65	铽	Tb	158.9254
20	钙	Ca	40.078	43	锝	Tc	(98)*	66	镝	Dy	162.50
21	钪	Sc	44.95591	44	钌	Ru	101.07	67	钬	Ho	164.9304
22	钛	Ti	47.88	45	铑	Rh	102.9055	68	铒	Er	167.26
23	钒	V	50.9415	46	钯	Pd	106.42	69	铥	Tm	168.9342
70	镱	Yb	173.04	84	钋	Po	(209)	98	锎	Cf	(251)
71	镥	Lu	174.967	85	砹	At	(210)	99	锿	Es	(252)
72	铪	Hf	178.49	86	氡	Rn	(222)	100	镄	Fm	(257)
73	钽	Ta	180.9479	87	钫	Fr	(223)	101	钔	Md	(258)
74	钨	W	183.85	88	镭	Re	226.0254	102	锘	No	(259)
75	铼	Re	186.207	89	锕	Ac	227.0278	103	铹	Lr	(262)
76	锇	Os	190.2	90	钍	Th	232.0381	104	𬬻	Rf	(261)
77	铱	Ir	192.22	91	镤	Pa	231.0359	105	𬭊	Db	(262)
78	铂	Pt	195.08	92	铀	U	238.0289	106	𬭳	Sg	(263)
79	金	Au	196.9665	93	镎	Np	237.0482	107	𬭛	Bh	(262)
80	汞	Hg	200.59	94	钚	Pu	(244)	108	𬭶	Hs	(265)
81	铊	Tl	204.383	95	镅	Am	(243)	109	鿏	Mt	(266)
82	铅	Pb	207.2	96	锔	Cm	(247)				
83	铋	Bi	208.9804	97	锫	Bk	(247)				

*括弧中的数值是该放射性元素已知的半衰期最长的同位素的原子质量数。

附录8　常用玻璃仪器及辅助仪器

仪器名称	规格	主要用途	注意事项
试管　离心试管	玻璃质。分硬质、软质,有刻度,无刻度。无刻度试管以管口外径(mm)×长度(mm)表示。有刻度试管以容积(mL)表示	①少量试剂的反应容器; ②收集少量气体; ③少量沉淀的辨识和分离	①可直接用火加热,但不能骤冷; ②离心试管只能用水浴加热; ③所装液体不超过试管容积的1/2,加热时不超过1/3; ④加热固体时管口略向下倾斜
试管架	木质、铝质和特种塑料	插放试管、离心试管等	试管架应洗干净。洗净的试管不用时尽量倒插在管架上
毛刷	以大小和用途表示,如试管刷、烧杯刷、滴定管刷等	洗刷玻璃仪器	①毛刷大小选择要合适; ②小心刷子顶端的铁丝撞破玻璃仪器
试管夹	木质和钢丝制成	加热时夹住试管	防止烧坏或锈蚀
烧杯	玻璃质或塑料。有一般型和高型、有刻度和无刻度。规格以容积(mL)表示	①反应物量较多时的反应容器; ②配制溶液; ③容量大的可用作水浴	①加热时垫石棉网,使其受热均匀,外壁擦干; ②反应液体不得超过其容积的2/3
广口瓶　细口瓶　滴瓶	玻璃质或塑料。分无色、棕色,规格以容积(mL)表示	①滴瓶、细口瓶用于盛放液体试剂; ②广口瓶用于盛放固体试剂; ③棕色瓶用于盛放见光易分解的试剂	①不能加热; ②磨口塞或滴管要原配,不可互换; ③盛放碱液时应使用橡皮塞; ④不可使溶液吸入滴管橡胶头内,也不可使滴管倒置
烧瓶	玻璃质。有平底、圆底、长颈、短颈及标准磨口之分。规格以容积(mL)表示	反应容器。反应物较多,且需要长时间加热时用	加热时底部垫石棉网,使其受热均匀,使用时勿使温度变化过于剧烈

续表

仪器名称	规格	主要用途	注意事项
量筒 量杯	玻璃质。以所能量度的最大容积(mL)表示	粗略量取一定体积的溶液	①不可在其中配制溶液; ②不能加热或量热溶液; ③不能作反应容器
表面皿	玻璃质。规格以口径(mm)大小表示	①盖在蒸发皿或烧杯上以免液体溅出或灰尘落入; ②盛放待干燥的固体物质	不能用火直接加热
蒸发皿	瓷质。有无柄、有柄之分,规格以容积(mL)表示	蒸发、浓缩液体	可耐高温,能直接用火加热,高温时不能骤冷
长颈漏斗 短颈漏斗	玻璃质。分长颈漏斗、短颈漏斗。规格以口径(mm)大小表示	①短颈漏斗用于一般过滤; ②长颈漏斗在定量分析中用于过滤沉淀	不能用火直接加热
漏斗架	木质或塑料	用于过滤时支撑漏斗	组装件,不可倒放
锥形瓶 碘量瓶	玻璃质,规格以容积(mL)表示	反应容器。振荡方便。用于加热处理试样及滴定分析中,碘量瓶用于碘量法分析中	①可加热至高温,底部垫石棉网; ②碘量瓶磨口塞要原配,加热时要打开瓶塞
容量瓶	玻璃质。有无色、棕色之分,规格以刻度以下的容积(mL)表示	配置一定体积准确浓度的溶液	①磨口塞要原配,漏水的不能用; ②不能加热

续表

仪器名称	规格	主要用途	注意事项
称量瓶	玻璃质。分扁型和高型两种，规格以外径(mm)×高(mm)表示	①扁型用于测定水分,烘干基准物；②高型用于称量样品、基准物	①不可盖紧磨口塞烘烤；②磨口塞要原配,不能互换
酸式 碱式 滴定管	分酸式、碱式、无色、棕色、常量、微量。规格以容积(mL)表示	容量分析滴定操作	碱性滴定管盛碱性溶液或还原性溶液；酸式滴定管盛放酸性溶液或氧化性溶液；见光易分解的溶液应用棕色滴定管
移液管 吸量管	以容积(mL)表示	准确量取各种不同量的溶液	①不能加热；②未标"吹"字,不可用外力使残留在末端尖嘴溶液流出
分液漏斗 滴液漏斗	玻璃质。分筒形、球形、梨形、长颈、短颈。规格以容积(mL)和漏斗的形状表示	①滴液漏斗用于向反应体系中滴加液体；②分液漏斗用于萃取分离和富集分开两相液体	①磨口必须原配,漏水不能用；②活塞要涂凡士林；③不能用火直接加热
洗瓶	用玻璃或塑料制作,规格以容积(mL)大小表示	装蒸馏水洗涤仪器或沉淀物	玻璃洗瓶可放在石棉网上加热
抽滤瓶 布氏漏斗	抽滤瓶为玻璃质,布氏漏斗为瓷质。规格以抽滤瓶容积(mL)和漏斗口径(mm)大小表示	两者配套用于沉淀的减压过滤	①抽滤瓶不能加热；②滤纸必须与漏斗底部吻合,过滤前须先将滤纸润湿

续表

仪器名称	规格	主要用途	注意事项
研钵	以铁、瓷、玻璃、玛瑙为材料。规格以钵口径（mm）大小表示	研磨固体物质	①不能用火直接加热；②只能研磨，不能敲击（铁质除外）；
点滴板	瓷质。点滴板的釉面有黑、白两种规格	用于定性分析、点滴实验。生成有色沉淀用白面，白色沉淀用黑面	不能加热
坩埚	用瓷器、石英、铁、镍等制作，规格以容积（mL）表示	①灼烧固体；②样品高温加热	①依试样的性质选用不同材料的坩埚；②瓷坩埚加热后不能骤冷；③灼烧时放在泥三角上，直接用火加热
普通干燥器 真空干燥器	玻璃质。规格以口部外径（mm）大小表示	①内放干燥剂，保持样品或产物的干燥；②真空干燥器通过抽真空造成负压，干燥效果更好	①放入底部的干燥剂不要放得太满；②不可将红热物品放入，放入热物质后要不时开盖；③防止盖子滑动而摔碎
石棉网	用铁丝网和石棉制作。规格以铁丝网边长（mm）表，如 150mm×150mm	加热玻璃反应容器时垫在容器底部，使其受热均匀	不可与水接触，以免铁丝生锈及石棉脱落
泥三角	用瓷管和铁丝制作，有大小之分	盛放加热的坩埚和小蒸发皿	①灼烧的泥三角不要滴上冷水，以免瓷管破裂；②大小选择要合适，坩埚露出泥三角的部分不超过其高度的 1/3

续表

仪器名称	规格	主要用途	注意事项
坩埚钳	用金属合金材料制作,表面镀镍、铬	夹持坩埚及坩埚盖	①不要与化学试剂接触,防止腐蚀; ②放置时头部朝上,以免污染; ③高温下使用前,钳尖要预热
铁架台	铁制品,有铁架、铁夹和铁圈	固定反应容器	应先将铁夹等升至合适高度,并旋紧螺丝,使之牢固后再进行实验
三脚架	铁制品	放置较大或较重的加热容器	防止生锈
药匙	牛角、不锈钢或塑料制品,两端都可用	取用固体试剂样品	①取少量固体用小端; ②取用前药匙一定要洗净,以免沾污试剂

参考文献

[1] 邢文卫、陈艾霞. 分析化学. 第3版. 北京：化学工业出版社，2017.
[2] 陈艾霞. 分析化学实验与实训. 第2版. 北京：化学工业出版社，2016.
[3] 李淑荣. 化学检验工（中级）. 北京：化学工业出版社，2008.
[4] 周心如，杨俊佼，柯以侃. 化验员读本（上册）. 第5版. 北京：化学工业出版社，2017.
[5] 李敏. 化学分析基本操作. 北京：化学工业出版社，2013.
[6] 吴菊英. 化学分析实验操作与实训. 北京：化学工业出版社，2011.
[7] 于洪珍. 化工分析. 北京：化学工业出版社，2010.
[8] 胡斌. 化工分析. 北京：化学工业出版社，2008.
[9] 姜洪文主编. 分析化学. 第4版. 北京：化学工业出版社，2017.
[10] 甘中东，张怡. 化工分析. 北京：中国劳动社会保障出版出版社，2012
[11] 孔令平. 分析化验工口诀. 北京：化学工业出版社，2008.
[12] 黄一石，乔子荣. 定量化学分析. 第3版. 北京：化学工业出版社，2014.